水族館の仕事

西 源二郎・猿渡敏郎 編著

東海大学出版部

Work at aquariums.
An in-depth, behind the scene tour of aquarium exhibits.

edited by Genjirou NISHI and Toshiro SARUWATARI
Tokai University Press, 2007
Printed in Japan
ISBN978-4-486-01770-7

まえがき

　陸の上にいながら，あたかも海中散歩をしているような体験のできる水族館．現代の竜宮城である．魚食の民ともいわれ，古くから水生生物とのかかわりあいの深い日本人にとって，水族館は動物園と並んで，生活の中に溶け込んだレクリエーション施設であろう．水族館には，よちよち歩きのお孫さんの手を引いたおじいちゃん，おばあちゃんから熱々のカップルまで，あらゆる世代，経歴の人々が訪れる．そんな多様な来館者を出迎えてくれるのが，水槽内を泳ぎまわる様々な色と形の熱帯魚，のんびりと水中を漂うクラゲ，ダイナミックなジャンプで観客を魅了するイルカなどである．水族館には多種多様な水族が飼育され，展示されている．来館者を楽しませてくれる展示生物たちであるが，これら水族を健康な状態に保つために，常に水槽の中に注意を払い，餌やり，水換え，底掃除，投薬，治療を行っているのが，本書の主役である水族館の飼育係，飼育技術者である．飼育係の仕事は展示水槽の維持管理だけではない．彼らの仕事は，展示生物の採集と輸送，繁殖，特別展の準備，稀少水族の保全と保護活動，教育活動，そして研究活動と実に多岐にわたる．本書の表紙絵にある水中トークショーや給餌ショーのために大型水槽に潜るのも，飼育係の仕事である．飼育係のたゆまぬ努力のおかげで，日本の水族館の飼育・繁殖技術は世界のトップレベルに達している．本書は，この飼育係の仕事を紹介した，いわばバックヤードツアーを一冊の本にまとめたものである．

　水族館の運営・経営方式も国営，公益法人，三セク方式，民間企業と様々である．当然各園館によって基本方針は異なる．しかし，高齢化社会の到来と文部科学省の新学習指導要綱の導入により，水族館は生物の展示・飼育・繁殖・研究や保全といった昔から担ってきた教育研究機関としての役割の他に，生涯学習や学校教育における校外学習の場として，より積極的な社会的貢献が求められるようになった．水族館は今まで以上に，社会教育研究機関としての機能と責任を果たすよう求められてい

る．このような時代背景並びに社会的要求にいかにして応えるか，水族館は新たな時代に突入しつつある．大きな変化にさらされている水族館の飼育・展示業務，教育業務等を体系化したのが，2005年に刊行された単行本，『水族館学』（鈴木・西　2005）である．

　社会情勢の変化に伴う新時代の到来に向けて，現在日本国内の水族館に蓄積されている水生生物に関する研究成果を公表し，今後の水族館のあるべき姿を構築する目的で，2005年12月に編者二人がコンビーナーとなり，東京大学海洋研究所共同利用シンポジウム「水生生物研究機関としての水族館―その研究資源活用の可能性―」を開催した．本書はこのシンポジウムの講演を元に，新たに依頼した原稿も含めてまとめたものである．水族館という社会教育研究機関の舞台裏を，現役の飼育技術者や関係の深い大学教員に自らの経験と苦労談をもとに紹介していただいた．

　本書はⅥ部15章からなる．読者の中には，水族館の主役級スターである海獣類（イルカ，アシカなど），名脇役のペンギン類，海ガメ類に関する章，あるいは水中ショーに関する章がないことに不満を持たれるかもしれない．これは編者二人が魚類学を専門としていることと編集上の都合でこうなったことをご理解いただき，ご容赦いただきたい．また，本書では「研究」の部分が抜けている．本書の姉妹編として，上述のシンポジウムで発表された水族館における研究活動を紹介した本を現在準備中である．後日そちらも併せて読んでいただければ，水族館の実態，そして水族館の飼育係の実像をよりよく理解していただけることと思う．

　読者諸氏が本書を通して，水族館が水生生物を展示するだけの行楽施設ではなく，水族の保護活動，幅広い教育啓発活動，そして研究活動をも行っている，総合的な生涯学習機関であることを認識していただければと願う次第である．

猿渡敏郎

目次

まえがき　　　　　　　　　　　　　　　　　　　　　猿渡敏郎　　iii

第Ⅰ部　水族館の仕事　1
第1章　集める・飼う・見せる・守る・広める・調べる―水族館の仕事―
　　　　　　　　　　　　　　　　　　　　　　　　　西　源二郎　　2

第Ⅱ部　水槽展示ができるまで　27
第2章　水生生物の採集と輸送　　　　　　　　　　　　櫻井　博　　28
第3章　飼育設備の進歩　　　　　　　　　　　　　　　塚田　修　　43
第4章　縁の下の力持ち　濾過バクテリアの話
　　　　　　　　　　　　　　　　　　　　　　　　　浦川秀敏　　56

第Ⅲ部　飼育への飽くなき挑戦　69
第5章　南極生物の飼育システムを作る―冷たさとの対決―
　　　　　　　　　　　　　　　　　　　　　　　　　平野保男　　70
第6章　飼育への挑戦、イセエビ幼生を飼育展示する
　　　　　　　　　　　　　　　　　　　　　　　　　堀田拓史　　84
第7章　熱帯の深海に挑む―沖縄におけるハマダイ飼育の記録―
　　　　　　　　　　　　　　　　　　　　　　　　　佐藤圭一　　99
第8章　サンゴを見せる　　　　　　　　　　　　　　　御前　洋　　114

第Ⅳ部　水族館生まれの生き物たち　125
第9章　クラゲの展示と繁殖　　　　　　　　　　　　　奥泉和也　　126
第10章　サンマの飼育と展示　　　　　　　津崎　順・松崎浩二　　143

第Ⅴ部　水族たちの保全に取り組む　157
第11章　生きた水産動植物の保護と輸入に関わる諸問題
　　　　　　　　　　　　　　　　　　　　　　　　　武藤文人　　158
第12章　希少淡水魚保存の取り組み　　　　　　　　　前畑政善　　170

第Ⅵ部　水族館と教育　学びの場としての水族館　185
第13章　水族館は学校教育の宝庫　　　　　　　　　　　　高田浩二　186
第14章　高校生の飼育活動―情操教育の場としてのアクアリウム施設―
　　　　　　　　　　　　　　　　　　　　　　　佐々木　剛　201
第15章　水族館と大学教育―東海大学海洋学部を例に―
　　　　　　　　　　　　　　　　　　　日置勝三・山田一幸　216

あとがき　　　　　　　　　　　　　　　　　　　西　源二郎　233
索引　　　　　　　　　　　　　　　　　　　　　　　　　　235

第 I 部
水族館の仕事

　日本には大小100以上の水族館が存在する．そのうちの主要な70館が加盟する日本動物園水族館協会の集計によると，平成17年度に水族館を見学した人の数は約3100万人（1館平均44万人）になる．これだけの人が訪れる水族館では，チケットの改札，館内の案内，ミュージアムショップの販売，そして営業や経理など色々な仕事が行われており，それぞれが水族館の仕事となる．しかし水族館特有の仕事といえば，一般に「飼育係」とよばれる飼育技術者の仕事であろう．第 I 部は本書の導入部として，この普通の仕事とは少し違った，水族館の飼育係の仕事の全体像を紹介する．第1章は，水族館の展示対象である水生生物（水族）の扱いの流れに沿って，「集める（展示用生物の収集）」，「飼う（飼育）」，「見せる（水槽展示）」，「守る（保護）」，「広める（教育活動など）」，「調べる（研究活動）」の6部構成からなり，水族館という水生生物を扱う社会教育研究機関の業務と機能を解説する．「飼育係の1日」とそれに続く「飼育係を支える能力」は，水族館の飼育係を目指す人にとって，参考になると思われることをまとめた．一般の方の水族館に対する理解を深めるうえで，また水族館を将来の職場として見据えている人にとって少しでもお役に立てば幸いである．

第1章

集める・飼う・見せる・守る・広める・調べる―水族館の仕事―

西　源二郎

　水族館は多様な顔を持っている．やっと歩き始めた幼児から高齢者まで，実に幅広い年齢層の人が訪れるもっとも庶民的な行楽の場であり，自然史博物館や動物園とともに「博物館」，すなわち生涯学習の場であり，水の世界にすむ生物とその環境を対象とした調査研究の場でもある．この水族館を支えるためにはどのような仕事が行われているのだろうか．その舞台裏で続けられている，一般に飼育係とよばれている技術者の日々の努力について伝えたい．

　飼育技術者の業務は大きく分けると，飼育展示するために魚類をはじめとする水生生物（水族）を収集する「集める」，収集された水族を飼育する「飼う」，水族館の最大の目的である展示する「見せる」，希少な水族やその環境を保護する「守る」，そして水の環境と水族についての情報を多くの人に知ってもらう「広める」になる．さらに，この一連のそれぞれの仕事で，色々な困難や問題点を解決し，新しい発見を広めるために，調査研究「調べる」が必要となる．

集める

　水族館で飼育されている水族の種類数は，館の目的や方針，規模などで異なるが多いところでは魚類だけでも500種以上，一般的には200～300種になる．クラゲ，ヒトデ，カニなどの無脊椎動物の飼育種類数はさらに増え700，あわせて1200種類を超す館もある（日本動物園水族館協会，2006）．これらの水族は様々な方法で収集されているが，その方

Collecting, rearing, exhibiting, preserving, educating and researching. Work of aquariums

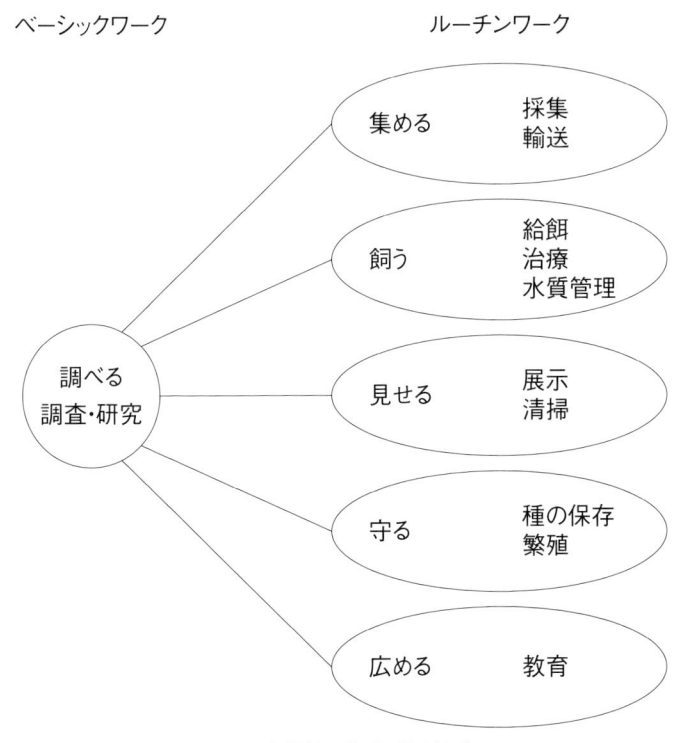

図1　水族館の仕事（関連図）

法は大きく採集，交換，購入に分かれる．

なかでも重要なのはそれぞれの水族館の特徴につながる採集活動である．水族館がそれぞれの独自性を重視するのならば，購入や交換にだけに頼っていると，独自性を出すことは難しい．

採集活動には，採集行為そのものを自分たちだけで行う自家採集，ある程度漁業者の助けを借りて行う便乗採集などがある．うち，飼育技術者の能力が発揮されるのは自家採集である．地先の海に出掛けてクラゲを探したり，遠く南極海まで出掛けて行って氷点下の海に潜るなど，それぞれの水族館で努力が払われている．方法としては，潮が引いたときに潮間帯で行う磯採集，釣り採集，スクーバタンクを付けて行う潜水採

第1章　集める・飼う・見せる・守る・広める・調べる ── 3

図2　採集用ボート
（カブリロ海洋水族館，アメリカ）

集など様々である．採集を行うためには，まず，目的とする水族がどこに生息しており，いつごろどんな方法で採集できるのか，といった情報を知ることが必要であり，そのためには，水族に関する基本的な知識の習得と，漁協や漁師さんとの間のネットワーク作りが重要である．次にそれぞれの水族にあった採集技術を習熟しておかなければならない．

　漁業者の助けを借りて行う採集として，海岸近くの水族館で一般的に行われているのは定置網漁業への便乗である．朝早く出掛けていって漁船に同乗し網起こし作業を手伝いながら，目的の魚が獲れたら分けてもらうのである．ジンベエザメやマンボウはもっぱら定置網で採集されている．延縄や刺し網など沖合に出て行く漁業への便乗では，長時間かけて縄を海中に下ろし，それを翌朝揚げて来るといったきつい作業もある．また，夕方から夜中までとか，夜明け前から出掛けて昼までとか，漁の時間は日ごろの勤務時間から大きく離れた時間になることが多く，生活のリズムに影響することもある．しかし，海に出掛けると，めったに見られない稀重な魚に出会えたり，知らない魚の話を漁業者から聞けたり，貴重な経験をすることも少なくない．採集活動で野外に出ることは，目的とする水族の生息環境や生態を知るよい機会にもなる．

　日本列島は南北に長いので，他の水族館との動物交換も水族収集の手段として重要な方法である．北海道の水族館からはオオカミウオ，日本海沿岸の水族館からはミズダコ，太平洋沿岸の水族館からはタカアシガ

図3 マグロの輸送（船の生簀からトラックへ）

ニ．南西日本の水族館からはサンゴ礁生物と，それぞれの地域の水族館と動物を交換することによって，展示動物の種類を増やしている．各地の水族館と動物交換をスムーズに行うには，各館との良好なネットワークが必要である．

　このような方法で採集した水族を，次に生きた状態で水族館まで輸送することになる．輸送は主として2つの方法がとられる．1つは，小型水族をポリエチレン袋に入れて少量の水と酸素を詰めて送る酸素パック法，もう1つは，主として大型水族の輸送に行われるタンク輸送法で，後者はトラックや船に積んだ輸送用水槽に水族を収容して輸送する．ほとんどの水族館には輸送用のトラックがある．トラックに輸送用タンクを作り付けにした，活魚輸送専用のトラックを持っている館もある．輸送用タンクの密閉度が高まり，航空機に搭載することも可能になったので，アメリカやオーストラリアからサメ類などの大型水族も輸送できるようになった．

　輸送は，狭小な水槽の中で水族を生かせておかなければならないので，もっとも厳しい飼育条件の中に水族がおかれていることになる．今までに飼育したことのない新しい種類の水族を，飼育しようとするとき，採集と輸送がうまくいって水族館まで無事運び込むことができれば，飼育は半分以上成功したといえるだろう．

第1章　集める・飼う・見せる・守る・広める・調べる——5

飼う

　水族に限らず，生きものを飼うということの基本は，対象とする動物が本来生息していた条件を人工的な環境の下で再現することである．水族飼育上の重要な要素は，生活空間である水槽の大きさ，水温をはじめとする水質条件，そして水族が命をつないでいくための餌，傷や病気の治療である．これらの条件が良好に維持されて，長期間生存することができ繁殖にまでつながると，飼育に成功したということができるだろう．

　水族館の水槽は，いったん建設されるとその形状を変えることはかなり困難であり，大形魚や遊泳性の強い水族を飼育するときには，水槽の大きさが制限条件となる．飼育技術者は，変更困難な制限条件の中で，水流を作ったり，水槽の角をカーブにするなどの工夫をして，新しい水族の飼育に挑んできた．魚体が大きく方向転換が得意でないマンボウは飼育困難種であったが，水槽の周囲に透明プラスチックシートを張り巡らせることで水槽壁への衝突によるリスクを緩和し，長期間飼育を可能にした．

　水族を良好な状態で飼育するためには，飼育水の適切な管理が重要である．飼育に適した水がふんだんに使える環境の良い場所に立地している水族館（沖縄，串本など）では，飼育目的に応じて地先の海の水を汲み上げて水槽に入れ，飼育用水として使用したのちそのまま放下してしまう開放式で飼育している．しかし，現在ではほとんどの水族館で，一度汲み上げた水を何度も繰り返し水槽に注水する循環濾過（閉鎖）方式で飼育している．濾過槽では魚類自身の排泄する毒性の強いアンモニアを，硝化バクテリアの働きで，毒性のない硝酸に酸化している．濾過槽が正常に機能しているかどうかをチェックするために，アンモニアなど化学物質の測定も重要である．水族館では，水温，pH，塩分，アンモニア，亜硝酸，硝酸，溶存酸素量などを定期的に測定している．

　循環濾過方式で飼育を続けると，飼育水に硝酸が蓄積し富栄養状態になる．この状態でも魚類の飼育に支障はないが，サンゴ礁など貧栄養状態の環境に生息しているイシサンゴ類などは飼育が困難である．自然界において，海水中の窒素化合物の変化（窒素循環）をみてみると，動物から排泄されたアンモニアは硝酸に硝化された後，嫌気性細菌による脱

図4 重力式濾過槽（スタインハルト水族館，アメリカ，1997）

図5 ナチュラルシステム（ベルリン水族館，ドイツ，2000）

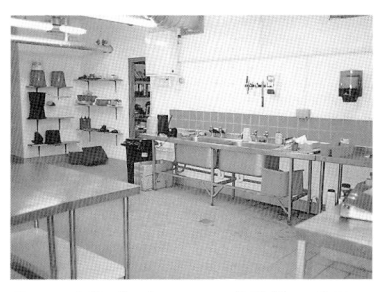

図6 調餌室（ロンドン水族館，イギリス，1997）

図7 調餌された色々な餌（東海大学）

窒作用によって空気中に放出されるか，植物に吸収されて光合成に利用されている．自然界におけるこの窒素循環を水槽内に再現して，硝酸塩の蓄積しない水質浄化を行うナチュラル・システムが普及し，イシサンゴなどの飼育が可能になった．このシステムの管理には，窒素，燐，カルシウム，pH，酸化還元電位などの測定が必要である．

　水槽に収容したすべての魚が，すぐに餌を食べてくれるわけではない．新しく飼育しはじめた魚が摂餌を拒否し続ける場合には，自然界における食性を詳しく調べたり，飼育環境を検討したり，近縁種における過去の経験などを参考にして，試行錯誤しながら進めていく．

　水族の食性は動物食性，植物食性，雑食性，そしてプランクトン食性などに大きく分けられる．魚類はほとんどが雑食性であり，水族館の限られた種類の餌で多種類の魚類を飼育できるのはそのためである．大部分の水族は自然界において多様な餌生物を摂取している．水族館では，多様な餌を与えるのは困難である．水族館で与える餌は，マアジ，マサ

図8　魚病のチェック（モントレーベイ水族館，アメリカ）

バなどの魚類，スルメイカ，ヤリイカなどの頭足類，アサリなどの二枚貝類，オキアミ，シバエビなどの甲殻類などがよく使われている．一般には冷凍か生鮮状態の餌を与えるが，生きている状態の餌しか食べない水族に対しては，小型魚類，小型のエビ・カニ類，動物プランクトンなどを与える．餌を与える時間は，魚の健康状態を知る大切な機会である．食欲や摂餌状況を注意深く観察する．食欲がなくなった魚類は，健康状態に特に注意することが必要である．

　水族を飼育していると，病原性寄生体の被害を受ける場合も少なくない．水族館で飼育されている水族は，自然界で生活しているよりも病気にかかりやすい．病気を予防するには，病原性寄生体の存在をなくすこと，魚類の抵抗力を高めること，飼育環境を良好に保つことが重要である．陸上動物の病気治療は獣医の仕事であるが，魚類など水族の場合は飼育担当者が行うことが多い．魚病の治療には，何よりも早期発見が重要なので，日頃からの観察が欠かせない．治療方法としては，飼育水に治療薬を溶かして治療する薬浴が一般的である．

　水族館まで無事に運び込まれた魚類には，必ず傷の治療をする．採集や輸送に厳重な注意を払って扱っていても，多少なりとも傷付いてしまう．また，新しく採集されてきた魚には寄生虫が付いていることも少なくないので，寄生虫のチェックとその駆除も欠かすことができない．自然界では，それほど脅威でない寄生虫でも，水族館に入って環境条件が変われば急に繁殖して猛威を振るう場合もある．

見せる

　水族館は，水中にすむ生き物たちの世界を陸上に再現し，人々に「見せる」ことに挑戦し続けてきた．水族館における水族の飼育は，単に飼育するだけではなく，来館者に見てもらうために展示することが当然のことながら最大の目的である．

　展示に当たっては，展示テーマが検討され，まずそれぞれの水族館における展示全体の方向性を示す大きなテーマが決定される．水族館が立地する地域にすむ水族の紹介をメインにする水族館，逆に世界各地の水族展示をテーマとする水族館，あるいは魚の生活の様子に焦点を当てる水族館など，館によって違っている．次に，大きなテーマの下で，具体的な中小のテーマを検討し，各水槽にどんな水族を展示するかを考えていく．具体的なテーマの中には，沿岸，沖合，サンゴ礁，干潟など生息環境に関するもの，共生，擬態，摂餌，遊泳，性転換など生物学的な課題に関するものなどがある．さらに個々の水槽に収容する水族の検討になるが，収容水族のサイズ，遊泳生態，食性などが検討要素となる．遊泳性の強い魚は，当然のことながら狭い水槽に飼うことはできない．水深の深い水槽に底生性の魚だけを入れると，中層より上が何もいない空間になり，魅力の乏しい水槽になってしまう．さらに，同じ水槽に収容する水族同士が食う-食われるの関係にあると，飼育中に食害にあうこ

図9　サンゴ礁水槽（ポイントディファイナンス動物園水族館，アメリカ）

図10 トンネル水槽（オーシャンワールド，オーストラリア）

図11 回遊水槽（ボルチモアナショナル水族館，アメリカ）

図12 タッチプール（カブリロ海洋水族館，アメリカ）

とになる．これらの要因を考慮しながら，魅力的な水槽を作り上げていく．

　水族展示の舞台ともいえる展示水槽は，建設技術，アクリルガラス製造技術など科学技術の進歩を取り入れて大型化を続け，水族の飼育容器としての役割だけでなく，水槽そのものが，見る人に水中世界の臨場感を感じさせる演出装置として機能してきた．見る人の周囲をぐるりと囲む回遊水槽，足元から頭上まですべて透明アクリルのトンネル水槽など，水による包囲化が臨場感を高めてきた．

　一方で，最近の水族館は，個々の資料に対する基本的な情報，たとえば水族の種名などを伝えることがおろそかになる傾向がある．関心を持った水族の名前を知りたい観覧者の素朴な要求に，できるだけ応えるようにするべきであろう．単に魚のいる空間として楽しんでもらうだけでなく，正確な情報を与えることが大事である．水族館には展示を通して水族の持っている情報を観覧者に伝えていくという重要な役目がある．飼育されている水族の名前や分布など種類についての情報を示す手法の1つとして，種名解説板がある．種名解説板には資料の図（写真）とともに，種名と分布域，生態的特徴などが記入されている．

　近年では，水族の展示に参加性や体験性を取り入れるようになってきている．参加性のある展示としては，テレビカメラなどの撮影装置を操作して，微小な動物を拡大させて観察するズームアップ装置（マイクロ・アクアリウム）がある．肉眼ではよく見えない微小な動物を拡大すると，今までには見られなかった新たな世界が展開する．また，観覧者が自分で装置を操作して見たい部分を拡大するという，能動的な行動を引き起こし，興味をさらに高める効果もある．

　アクア・ラボなどの名称でよぶ対面式展示スペースを設けて，スタッフが解説しながら実験的な展示を見せているところもある．たとえばヒトデやヤドカリなど，比較的ハンドリングに強い動物などを使って簡単な実験を行い，その様子を解説している．単に展示しているだけでは気付かない水族の形態や生態などに気付かせてくれる手法で，観覧者の興味を集めている．

　体験的展示の代表にタッチ・プールがある．磯にいるウニやナマコ，カニ，小魚などを浅い水槽（プール）に入れて，自由に触ることができ

図13 潜水による水槽掃除（フロリダ水族館，アメリカ，1997）

るようにした展示である．観覧者の接触が動物の虐待にならないようにする接触マナーの指導や，動物についての解説を行うことが望まれる．水族は，陸上動物と比べて疎遠な存在であるが，直接触れることによってそれらを身近なものに感じ，新たな興味につなげることができる．

　魅力的な水族の展示，巨大な水槽による水中の臨場感，興味を引き起こす参加性のある展示など，いずれも水族を見せる重要な要素である．しかし，展示水族を気持ちよく見てもらう基本条件はきれいなガラスと透明な飼育水である．そのために日常的な水槽掃除は，欠かすことのできない重要な仕事である．観察ガラス面に珪藻がはえたり，水槽底に餌の残りがたまっていたりすることがないように，ガラス面，壁面をきれいにし，餌の残りを水槽内から除去しなければならない．飼育水の透視度をよくするには水中に浮かぶ微小懸濁物を除去する濾過槽の物理的な機能も重要である．最近の大型水槽では，オゾンや塩素を注入して，微小懸濁物質を除去して飼育水の透視度を高めている．

守る

　多くの水族を飼育展示している水族館が，水族のすむ自然を守るのは当然の使命であるといえるだろう．希少な野生動物を絶滅の危機から守る「種の保存」活動で，重要な柱となるのが飼育している野生動物の繁

殖である.生活基盤が海洋よりも,一般に脆弱な条件である淡水に棲む水族の中には絶滅の危機に瀕している種が多く含まれている.淡水水族の「種の保存」には,早くより多くの水族館が取り組んでおり,その状況については本書の12章に詳しい.

　飼育条件下における海洋生物の繁殖は淡水生物よりも困難で,今でこそ栽培漁業が盛んになって,陸上水槽で繁殖させたマダイやアワビの稚仔（種苗）が大量に海に放流されているが,20年ほど前までは繁殖できる種類はほんのわずかな種類に限られていた.現在でも人工的に繁殖できる種類はほとんどが水産上の重要種で,それ以外ではどんな卵をいつ産むのか,稚仔はどんな形をしているのかがわかっていない種類の方がはるかに多い.水族館での飼育が順調に進み,環境が整うと水族が飼育水槽内で産卵する可能性がでてくる.水族館では水産重要種以外の魚種も多く飼育しているので,まだ誰も見たとのない魚類の求愛行動や産卵行動を観察できるチャンスがある.

　展示水槽内で産み落された卵は,そのままでは育つことが困難なので,卵を育てるには他の水槽に移す必要がある.温度を一定に保ちながらエアーレーションをしておくと,早いもの（小型の浮性卵）は1日で,スズメダイの付着卵などでは1週間ぐらいで孵化する.孵化した仔魚は通常全長2～3mmと小さいので,口も小さく餌には特別に培養した0.04～0.05mmの大きさの動物プランクトンが必要になる.毎日餌を与えて水槽内を掃除する作業は,根気の要る仕事であるが,小さな魚が育っていく様子を見るのは楽しみである.水族館は自然界から採集してきた水族をできるだけ長く飼育する努力をしているが,繁殖までたどりついた

図14　餌料生物の培養（ロングビーチ水族館,アメリカ,2000）

図15　繁殖で増えたカクレクマノミ

種類は全体から見るとまだ一部の種類でしかない．繁殖をはじめとする保護活動はこれからますます重要になる．

広める

　人間の生産活動によって，生き物が生息する自然が毎年荒廃し，大都市への人口の集中によって人々の前から自然は遠ざかり，市民が自然に触れる機会は減少し続けている．水族館は展示だけでなく，学習会や観察会を開催して水族やその生息場所など自然についての情報を積極的に「広める」教育活動を行うことが重要である．教育活動を専門に行うスタッフのいるところも増えているが，ほとんどの水族館では飼育技術者が教育活動を行っている．

　「広める」活動には，水族館内で行うガイドツアーや学習会など，館外で行う自然観察会や出張授業などがある．

　ガイドツアーは，展示水槽などを説明しながら案内する活動で，人が直接説明するので聞く人の興味にあわせて，説明内容やレベルを変えることができる．館内の展示全体の概略的な説明，テーマ沿った重点的な説明など，対象や目的によって内容は様々である．展示室だけでなく，展示の裏側を案内するガイドもある．

　学習会は，前もって応募してきた参加者に対して，魚の話しをしたり，魚の飼い方を説明したり，飼育水族に餌をやったりする．スクールや教室とよばれる活動で，水族館の持つ，生きた実物資料や，実際の経験に基づいた話などが主体になるので人気が高い．

　水族館が取り組む学習支援の1つに，一般市民からの質問に答えるレファレンス・サービスがある．「釣れた魚の名前を知りたい」，「飼育している魚にどんな餌をやればいいか」などといった問い合わせがある．市民から寄せられる素朴な疑問には，できるだけ丁寧に答えることが，自然の理解につながっていくので，水族館にとって重要な仕事である．

　水族館は，陸上に水中世界の一部を再現させて，自然への理解を促すことを目指して活動しているが，そこにはおのずと限界がある．野外に出掛けて，多様な水族の生態やその環境を観察することは，自然への理解を深める上で，意義深いプログラムとなる．野外に行って大勢の目で

図16 幼児に対するサメの説明(シーワールド,サンディエゴ,アメリカ)

図17 ガイドツアーによる大水槽の説明(フロリダ水族館,アメリカ)

図18 地引網の体験

第1章 集める・飼う・見せる・守る・広める・調べる ── 15

図19　移動水族館用のトラック（のとじま臨海公園水族館）

観察すると，意外と多くの水族を発見したり，知らないことに気付くことがある．それらをお互いに見せ合い話し合うことによって，1人で観察するよりも大きな効果をあげることが少なくない．野外に出掛けて行くと，危険を伴うこともあるので，安全の確保が前提である．

　出張授業（出前授業）は，学校や地域の施設に飼育技術者が出掛けていって，水族やその環境についての授業を行う活動である．学校で行う場合は，日ごろの学習環境の中で進めることができるので，子供たちが遠足気分でなく授業の一環として取り組むことができる．学校側にとっては，ふだん聞くことの少ない水族に関する現場の情報に接することができ，子供たちの学習意欲を高め，水族館への往き帰りの時間を節約することにもなる．

　以上のように，様々な方法で教育活動を展開しているが，水族館における学習テーマとしては，まず動物愛護の気持ちを養う情操教育，次に水族やそれがすむ自然についての自然教育（理科教育），そして，自然保護や環境保全を含む環境教育などがある．

　情操教育は，水族の生きている姿に接することで，命あるものに対する思いやりの心をはぐくみ，心豊かな人格を育てる教育である．生き物を飼育展示する水族館では，水族を虐待することがないように努力するとともに，人間と動物がともに生きていける社会を目指して，来館者が展示生物の命を慈しむ心が自然にわいてくるような展示を目指さなけれ

ばならない．

　自然教育は，水族館でもっとも多く取り組まれている教育テーマである．展示されている水族に出会い，水中にも色々な生き物が生きていることを知ってもらい，自然の仕組みを理解してもらうための活動こそ，水族館における実物を中心に添えた自然教育と考えてよい．

　環境教育は，環境や環境問題について学ぶだけでなく，環境問題に対して実際に行動する態度や能力を身に付けることを目的とした教育である．水族館では，自然に興味を持たせる活動や自然環境のすばらしさを実感させる活動がよく行われているが，これからは環境問題解決のために行動するところまでを視野に入れた活動をすることが必要になるだろう．

調べる

　水族館の飼育業務は，水産増養殖やホームアクアリウムとの関連はあるが，これらと異なる部分も少なくない．水族館の飼育対象水族は，ほとんどが水産上の重要種でなく水産増殖では扱われない種類である．飼育の形態も，水産増殖が単一種の大量飼育であるのに対して，水族館は多種類混合の少数飼育であり，水族館独自の分野といえる．それだけに水族館で生じてくる種々の問題を解決するためには，独自の調査研究が必要になってくる．

　水族館における研究分野を見てみると，採集からはじまって，輸送，餌，飼育そのもの，病気，行動生態，繁殖と水族館の仕事全体に関わっ

図20　標本棚

図21　カクレクマノミの産卵

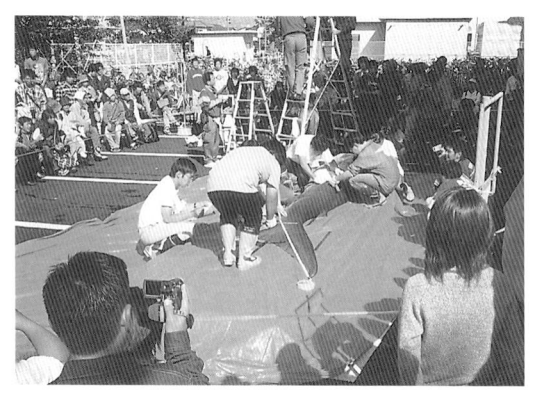
図22　メガマウスザメの公開解剖調査

ている．飼育展示だけでなく，教育や自然保護，環境教育に関するテーマも扱われている．水族館での調査研究は，水族館を支える重要な基本的活動（ベーシックワーク）である．

　水族館で飼育されている水族は，繁殖させた個体は少なく，その大部分は自然の海から採集されてきた個体である．人間活動によって，自然がどんどん失われていく時代に，本来なら海の生態系の一部を構成していた生物を，人間の都合で採集し展示しているのである．その意味で，水族館で展示している水族は「自然から託された資料」であるといえるだろう．水族館で飼育されることになった水族たちに対しては，十分な配慮が必要である．飼育されている水族の発する情報を第一義的に受け止めるのは飼育担当者である．その情報を科学の世界に紹介する研究活動も水族に対する配慮の1つになる．

　また，水族館では非常に多くの種類が飼育されており，はじめて飼育される種類と出会うことも少なくない．そのような水族が示す色々な情報を見逃さないようにする事が重要である．水族に関する貴重な情報を見逃さない観察力と判断力を身に付け，日頃から関心を持って接することが新しい発見につながる．

　水族館での日ごろの研究成果は，日本動物園水族館協会，日本水産学会，日本魚類学会など各分野の研究会や学会で発表されている．また，それぞれに発行される学術雑誌に投稿して学術論文として発表することができる．

飼育係の1日

水族館の飼育係が実際にどんな風に仕事をしているのか，その1日を追ってみよう．

出勤すると，まず展示水槽の見回りを行う．死んでいる魚，調子の悪い魚はいないか，飼育水のにごり具合，給水量，餌の残りがないかなどを展示室側からチェックする．開館前の館内は，お客さんがいないのでじっくり観察することができる貴重な時間である．魚の泳ぎも落ち着いていて観察しやすい．呼吸の状態，泳ぎ方，体色などがチェックポイントになる．死魚や目障りなゴミがあった場合にはすぐに取り上げておくが，異常がなければ，仕事の打ち合わせなどの後に水槽の裏側からの作業に入る．

水槽掃除，水温測定と注水量のチェックは毎日欠かせない．魚の糞，餌の残り，はがれた鱗などが水槽の底にたまっている．大きなごみは，タモ網ですくい上げるが，細かいゴミはサイフォンをかけたホースで吸い上げる．サイフォンは水槽掃除や動物の移動の際に水槽から水を抜くときに頻繁に使う重宝な手段である．ガラス面，水槽壁面，デザインされているサンゴや岩の掃除も行う．ガラス面は，傷付けないようにスポンジで拭く．水の濁りとガラスの汚れは飼育係の怠慢である．

病気の魚や新入魚がいる場合は治療を行う．治療は，薬を飼育水に溶かす薬浴が一般的で，水槽の注水を止めて所定の時間継続させる．この間，水中の酸素不足を防ぐためにエアーレーションを行う．治療が終わると換水して，飼育水を循環させる．治療薬が濾過槽に入ると，濾過バ

図23　日課の水温測定

図24　水槽掃除

クテリアに悪影響をおよぼすことがあるので注意が必要だ．

病気の状態，治療処置の方法，結果を飼育日誌に記録する．動物を個体識別する事が困難な場合が多いので，対象魚種，水槽番号などで管理する．

次に餌作り，特別な水族に対する給餌などを行う．餌は，専任の人が作っている場合もある．給餌は，1日1回，午後から行うのが基本であるが，水族によって異なる．体力のない幼魚やミズクラゲのようなプランクトン食の動物には1日数回給餌する．ハタの仲間のような魚食性の大型魚は数日に1回でよい．新入魚は，環境に慣れるまで餌を食べない場合が少なくない．体力が消耗しない間に，餌付くよう生きた餌を与えたり，1個ずつ口先に落としたりして餌付ける．

作業が一通り終わると，展示水族についての文献調査や，新しい展示の企画，質問に対する回答などの仕事がある．水族館は，常に展示企画を考えていないとマンネリに陥り，魅力にかける水族館になってしまう．企画を考えるには，水族に関する新しい情報を集めるとともに，世間の動向に注意を払う事も重要である．水族に関する情報は，漁業者や研究者，あるいは学会誌などできるだけ信頼のおける，オリジナルに近い情報を得るようにする．

水槽の見回りは，1日に何度か行う．朝見回ったときには，異常のなかった水槽でも，急に状態が悪くなったり，死魚が新たに見つかったりする事は珍しくない．

午後からは，水槽の展示換え，種名解説板の製作や整備，教育活動の企画，展示案内，水質測定，種々の打合せなどの仕事が不定期に入ってくる．

飼育や展示に関わる道具や装置を，自作する事も珍しくない．新しい水族を展示するためには，それに相応しい展示装置を作らなければならない場合もある．たいていの水族館では，簡単な大工仕事やパイプの配管は飼育技術者が自分たちで行うので，塩ビのパイプや材木を加工する工作スペースがあり，何日もかけて新しい装置を作ることもある．

午後から給餌する．すべての飼育個体が餌を摂れるように注意を払う．栄養のバランスを考えながら，魚類，甲殻類，頭足類などいくつかの種類の餌を与えるように心掛ける．摂餌状況は健康状態のバロメーターに

なるので，給餌時間は大切な観察時間でもある．給餌が終わると，展示室側から水槽を見回る．各個体が十分に摂餌しているか，逆に，餌をやりすぎて水槽内に残っていないか，飼育水のにごり具合，給水量などをチェックする．

勤務時間の終了前にも再度水槽を見回る．翌日まで見回りがないので，飼育設備の不具合，排水口の目詰まりなどで思わぬ事故につながる事がある．問題がなければ，その日の仕事を記録して退勤することになる．

朝早くから採集に出掛ける，学習会でほとんど一日中説明をする，夕方から夜遅くまで展示換えをするなど，仕事内容が大幅に変わる日もある．

飼育係を支える能力

人にはそれぞれの個性があり，得手なこと，不得手なことも様々である．飼育係に限らず，単一の技術や能力が備わっているからといって優秀な仕事ができるというわけではない．また，仕事は，何人かのチームで行うことが多く，チーム内での協調性，あるいは統率力など，一般的な資質も重要である．ここでは，水族館の飼育係として特に必要と思われる個々の能力，資格について説明する．

水族に関する知識

飼育対象となる水族についての知識は最小限必要である．魚類学，水産動物学，水産植物学，無脊椎動物学など対象となる生物群に関する基礎専門知識．さらに，系統分類学，生態学，生理学なども，水族を理解する上で重要である．

最近はきれいなカラー写真の図鑑がかなり出回っているので，水族館に新しい水族が入ってきても，種類の同定は比較的容易になった．しかし，今でも図鑑に載っていない新しい種類が見つかったり，外国から未知の種類が入ってきたりすることもあるので，分類についての知識がある程度必要である．また，種名が変わったり，種の属する科名が変わったりする事も珍しくないので，それぞれの動物群に関連する学会の情報を日頃から注意しておく事も重要である．飼育職員の募集に際して，魚類学，海洋生物学など水族に関連する科目の履修を条件にしている水族

館が少なくない．

学芸員資格

博物館の専門的職員の資格で，大学で博物館学など関連科目を修得すると学芸員になれる資格が与えられる．水族館は，歴史博物館や美術館と同様に博物館の一種である．博物館学では，資料の保存や分類整理の具体的な方法，展示や教育活動についての基本的な考え方について学ぶ．博物館登録を行う場合には学芸員が必要である．

潜水技術

採集活動を定期的に行っている水族館では，潜水技術が必要となる．潜水採集を行うには，ダイビングのライセンスを取得しているだけでなく，潜水しながら仕事を行う実質的な技術を身に付けていることが重要である．潜水は，一歩間違うと生命に関わるので，不慮の事故をカバーするある程度の体力も必要である．水族館における潜水はほとんどが業務の一環として実施される．業務として潜水するには，労働安全基準局が管轄する公認潜水士の免許が必要になる．これは，大水槽の清掃や給餌など，館内の潜水作業においても同様である．

写真撮影技術

水族の写真は，展示解説に使うだけでなく，教育活動や広報でも使うので写真撮影は大事な技術である．屋外よりも格段に照度の低い水槽内を常に泳ぎ回っている魚の写真を撮るのは簡単ではない．撮影はたいてい，お客さんがいなくなった閉館後に行うが，一晩粘っても満足する写真が撮れない事もある．採集活動や教育活動の記録，研究活動における資料の記録など写真撮影の機会は少なくない．

コミュニケーション能力

ガイドツアーや学習会において，水族に関する情報や自分の飼育経験などについて，参加者に解説する機会が多い．年齢や知識レベルの異なる人たちを対象にして話しをするので，相手の興味や理解度を確かめながら，わかりやすい言葉で伝える事を心掛けねばならない．専門的な内容を，一般の人にやさしく説明する人を「インタープリター（翻訳者）」と呼ぶ事がある．

その他いろいろ

水質分析：水族飼育において水質管理は重要な仕事で，濾過槽が正常

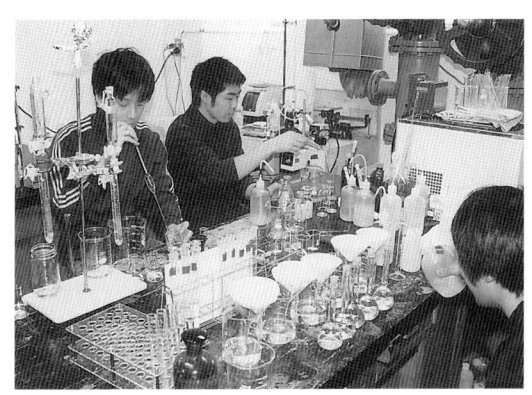
図25 水質分析

に機能しているかどうかを知るために水質分析はなくてはならない．

船舶操縦：水族の採集において，小型船舶を操縦する場合がある．海岸近くに位置する水族館では，小型船舶を所有しているところもある．

企画力：特別展や教育活動など，水族館は市民向けの色々な行事を行っている．参加者の気持ちになって行事を企画する能力が求められている．

語学力：水族館においても国際化は進んでいる．水族の交換など海外の水族館との交流も盛んであり，語学力は国際的な情報を理解する上で重要性を増している．

水族館という職場

では，水族館とは実際にはどんな職場なのだろうか．日ごろ水族館に行っても，展示水槽に泳いでいる魚を見るだけで，そこで働いている飼育技術者の様子を見ることは少ないだろう．展示水槽の裏側は，当然のことながら表とはずいぶん違っている．水槽壁の後ろには，作業用の通路がついている．この通路は狭いのでキャット・ウォーク（猫の通り道）とよばれ，階段で上り下りするところも多い．水槽の上には明るい照明があるが，足元は暗い．このような場所で，魚の入った重いバケツを運んだり，冷たい水の中に手を入れて水族を取り上げたりする作業があり，決して楽な仕事ではない．また，水槽掃除で水にぬれたり，残

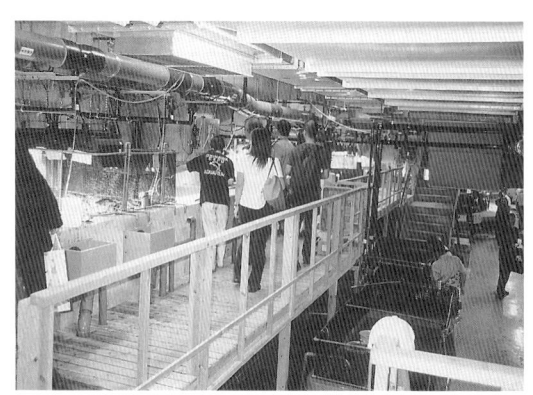

図26　水槽の裏側（沖縄美ら海水族館）

図27　魚の説明を聞く子供たち（63シティー水族館，韓国，2004）

った餌や死んだ魚を扱うなど，汚れる仕事もある．さらに，海に潜ったり漁船に乗り込んだりする危険をともなう作業もある．

　それでも，水族館で働きたいという希望を持った人は少なくない．その割には，水族館の職員数は限られているので，簡単には希望をかなえられない状況があり，就職戦線は買い手市場になって，給料を抑えられているという残念な状況もある．飼育の仕事は生き物が相手であることから，仕事には年中休みがないので，働く側は交代で休むことになり，勤務が不規則になりやすい．その上，水族館は世間が休みの日曜日や夏休みににぎわう場所なので，そこで働くスタッフの休みは逆になる．こんな事情で，待遇はあまり良くないといえるだろう．

それでは，水族館の仕事にはいいところはないのかというと，決してそうではない．むしろプラス面の方が多いと思う．まずは，生き物を育てる喜びがある．日ごろ自然から離れた職場でストレスに囲まれて生活していることの多い現代社会において，生き物を相手にし，自然に触れていると安らぎを感じることが多い．また，自分の育てている生物が成長していく様子を見ることは大きな喜びである．

　次に，仕事が変化に富んでいることである．水族館の仕事は，採集，輸送，飼育，展示，教育，研究と多岐にわたっており，その1つひとつの仕事の中でも，対象とする種類が違えば，実際の作業のやり方が変わってくる事も少なくない．そのような変化に富んだ仕事の中で，新しいこととの出会いも少なくない．今まで飼育されたことのない，新しい水族の飼育，飼育中に観察する行動や繁殖など，まだ誰も知らないことに出逢うことのある仕事である．

　何よりも，やりがいを感じるのは，飼育している水族を仲介にして，多くの観覧者とつながっていることである．自分たちが展示した水族を見て，感動や安らぎを覚えてくれる人たちがいることは，とても大きな励みとなる．水族館の仕事は，多くの人に感動と喜びを与える仕事である．

参考文献
加藤有次ほか（編）（2000）新版・博物館学講座　第1巻　博物館学概論．雄山閣出版，東京，257 pp.
日本動物園水族館協会（2005）平成16年度日本動物園水族館年報．日本動物園水族館協会，東京，147 pp.
日本動物園水族館協会編（2006）新・飼育ハンドブック　水族館編　第4集　展示・教育・研究・広報．日本動物園水族館協会，東京，169 pp.
日本博物館協会（2006）平成16年度博物館入館者数．博物館研究，41（3），9．
鈴木克美（1994）水族館への招待．丸善ライブラリ，東京，241 pp.
鈴木克美・西　源二郎（2005）水族館学．東海大学出版会，神奈川，431 pp.

第Ⅱ部
水槽展示ができるまで

　第Ⅱ部では，水族館の仕事の中でも比較的地味な，一般来館者の目に留まらない裏方，縁の下の力持ちについて紹介する．第2章の展示生物の採集と輸送は，野生の水族が水族館の展示水槽に収まるまでの過程を，南極海の氷の下での採集や，イリエワニにおびえながらの採集を臨場感あふれる筆跡で紹介している．第3章では，水族館のハードウェアとしてなくてはならない，水族館という飼育システムの根幹をなす濾過循環設備の進歩と現状について解説する．現在のように，クラゲからジンベイザメまで多様な水族が飼育展示できるようになった背景には，先人のたゆまぬ努力と，科学技術の成果を取り入れた飼育施設の進歩と発展が存在することが理解できるであろう．今後水族館のバックヤードツアーに参加された際に，参考にしていただきたい．第4章は，水槽の水質管理に欠かせない濾過バクテリアについて，現在硝化細菌に関する研究を進めている筆者によるわかりやすい解説である．本章は，熱帯魚愛好家ばかりか，水族館人にも参考となる章であろう．野生の水生生物が水族館の展示水槽の中で元気に泳ぐまでの過程を紹介した第Ⅱ部である．

第2章
水生生物の採集と輸送
櫻井　博

　水族館では，魚などの背骨のある動物をはじめとして，ウニ・貝・サンゴなどといった背骨のない動物，アマモなどの植物やコンブなどの藻類，果てはホシズナなどといった単細胞生物まで，あらゆる生物を展示することができる．そして，これらの生物の採集と輸送は，水族館の日常業務の中でももっとも重要な業務の1つである．
　生物を集める方法や何をどのぐらい集めるかは，その水族館が持つ展示テーマや展示規模によってまったく異なったものになる．しかし，どのような収集を行うにせよ，実際の方法としては，採集，購入，交換，受贈が主なものとなる．また，飼育下での繁殖も飼育生物を入手する1つの方法であり，野生生物保護のためにも今後大いに力を注いでいかなければならない分野である．これらの方法のうち水族館にとってもっとも重要なのは，採集と飼育下繁殖であるが，本章では生息地での自家採集を主なテーマにした．

実際の採集と輸送

　外国も含めてほとんどの水族館では，飼育を担当する部門が採集も担当するのが普通である．それは，飼育や展示，教育普及活動などの仕事をこなしていくには，採集を通じて，本来の生息環境の中で自然に生活している生物を観察し，自らの手で取り扱い，必要な知識と技術を身に付ける必要があるからだ．
　水族館の職員が採集を行う場合，採集道具を使って実際に自分たちで

Collecting and transporting aquatic organisms for aquarium exhibit.

生物を採る場合（自家採集）と，漁船を雇ったり漁船に便乗させてもらったりして，直接には採るという行為に手を出さない場合（便乗採集）とがある．漁師に採ってもらう場合でも，海から上がってきた生物は自分たちで取り扱うようにし，輸送も自分たちで行う．採集方法は，網，トラップ，釣り，スクーバと手網の組み合わせによる潜水採集，が主なものである．輸送には，小型の魚の場合はほとんどが酸素パックとよばれる方法を使うが，マグロやサメなどの大きな魚は，大型水槽を備えた活魚船や活魚車を使ったりする．ちなみに，酸素パックというのは，魚と水と酸素をビニール袋などに入れ，袋の口を輪ゴムでしばって密閉し輸送する方法である．

　今まで葛西臨海水族園では30を超す国で生物の収集を行ってきたが，ここではオーストラリアと極地での活動を紹介する．また，水族館がいかに知恵を絞って深海魚の採集にトライしたかということにも触れてみる．水族館で飼育展示する生物は，一部のきれいな熱帯産の生物を除くと市場には流通しておらず，また，世界の多くの地域では収集に協力してくれる水族館や研究機関などもない．このため，水族園のように「世界の海」を展示テーマにすると，自家採集が占める比率が高くなり，予測もしない事態に直面することも多くなる．ここで紹介する水族園の採集は展示開発を行っている黎明期の水族園のものであり失敗を多く含んでいるが，現在ではより効率的かつ安全に採集を行えるようになっていることを付け加えておく．

オーストラリアのコモリウオの採集

　コモリウオという魚がいる．この仲間は，オーストラリア北部からニューギニアにかけて1種，インドからインドネシアや中国にかけて1種の2種だけが知られている．オスが額に発達したフックに卵の塊を付けて持ち運び，卵が孵化するまで保護するという習性を持つため，オーストラリアではナーサリーフィッシュ（Nurseryfish＝子守をする魚）とよばれている．この習性がとても変わっているため，日本には分布していないにもかかわらずコモリウオという和名まで付けられている．

　葛西臨海水族園がこのコモリウオの展示を目指したのは開園2年前の

1987年のことだった．水族園がターゲットにしたのは，オーストラリアに生息し大型になるほうの種だ．調査をはじめてからわかったのだが，生息地では珍しい魚ではなく，現地の博物館では相当な数の標本も所蔵している．食べてもおいしく，漁師の間などではブレックファースト・フィッシュ（朝食の魚）などとよばれている．しかし，現地の水族館はおろか世界中のどの水族館でも飼育したことがなく，ましてや産卵習性など生態面の知見はほとんどない状態だった．この理由は，コモリウオを採集して輸送・飼育する手法が開発されておらず，生きているコモリウオを水槽で観察することができなかったためと，生息場所の水がとても濁っていて（透視度が10cmもない），そのうえ，大型のイリエワニがたくさん生息しているために，直接魚を観察することが不可能であったためである．

この魚は一応スズキ目の中の独立したグループであるコモリウオ亜目に含められているものの，実は分類学上の位置もよくわかってはいないようだ．現在，東京大学海洋研究所の西田さんや千葉県立中央博物館の宮さんらがミトコンドリアDNAの全塩基配列を使って魚の系統を精力的に再構築しているが，宮さんからうかがった話では，水族園で飼育しているコモリウオを材料の1つにして得られたデータからは，コモリウオがハゼやテンジクダイに近縁だという結果が得られているそうだ．

とにかく，色々とわからないことが多いコモリウオだが，水族園が採集場所に選んだのは，オーストラリア北部にあるノーザンテリトリー準州の州都ダーウィン周辺地域であった．1987年は水族園での展示を目指してコモリウオに関する情報収集を開始した年で，翌年1988年には現地へ出かけ偵察を兼ねて情報収集を行った．1990年2月に試験的な採集を試み，はじめてコモリウオを採集したが，現地畜養に失敗してしまった．1991年1月には本格的な採集を行い，現地畜養した魚3個体の日本への輸送を試みたが，全個体が死亡しての到着だった．ようやく成功したのは1991年5～6月の採集で，多数の個体を現地畜養し，日本へ17個体を輸送することができた．その後は比較的順調で，1991年12月には大型魚19個体と小型魚28個体を，また，1992年5月には50個体を2回に分けて日本に輸送し成功している．

結局，現地偵察から数えて4回目で現地での畜養と日本への輸送に成

功したことになるが,その後は方法が確立され,ほぼ問題なく採集・輸送を行えるようになった.成功した理由は,魚が多く採集もしやすいクリーク(細い支流)を見つけたこと,2枚の刺し網を100mほど離れた地点に川幅いっぱいに広げてセットするという効率の良い採集方法を開発したこと,投網を使用すると魚体が擦れてしまい畜養中に多くが死んでしまうが,大きな網目の刺し網では擦れ傷を抑えられるのがわかったこと,飼育する水に塩を加えると擦れ傷の悪化を防げることなどである.この現地での採集とそれに引き続く水族園での飼育の様子は,葛西臨海水族園の多田さんと荒井さんが㈶東京動物園協会発行の『どうぶつと動物園』1993年12月号に書いた「ナーサリーフィッシュの採集と飼育」という記事に詳しいので,興味がある方はそれを読んでいただきたい.

　私自身は,今までに8回現地に赴き採集・輸送を行ったが,色々とおもしろいことやひどい目にもあった.その中で一番印象に残っているのが,サンドフライとイリエワニだ.

　サンドフライはヌカカという小型の双翅目(ハエやカなどの仲間)の吸血性昆虫で,刺されると1カ月以上もかゆみが続いて,ひどい目にあう.昼間マングローブが茂っている水辺で採集したり,夕方キャンプ地で出歩いたりすると,知らない間に刺されている.それも何十カ所も刺される.悪いことに虫が微小なので何十カ所刺されてもまったく気付かず,夜ベッドに入る頃になると猛烈な痒みが襲ってくる.虫除け薬は,生きている魚を扱うので使いたくない.また,サンドフライはとても小さいので,油を皮膚に塗っておくと皮膚を刺すことができないとのことだったが,濡れた後に手足にいちいち油を塗っている暇もなく,水も汚れるので,使いたくない.ということで,最初はサンドフライに刺され放題だった.現地はとても暑く,採集や飼育中には水に入ったりするので,いつもTシャツと半ズボンだったのだが,さすがにサンドフライに手を焼いて,何回目かの現地採集からは暑かろうが濡れようが外出時には長袖長ズボンを着用するようになった.この痒みのひどさと痒み止め薬のありがたさは,経験したものでなければ絶対にわからないと思う.

　一方のイリエワニはクコロダイル科に属し,最大では全長8m,体重2トンにも達するという世界最大のワニである.この付近では,キングブラウンという大きくて攻撃的な毒蛇とともにもっとも危険な生物とさ

図1 2002年11月18日にアデレード川で刺し網により採集されたオスのコモリウオ．名の由来の通り，額のフックに卵塊を付けている（松山俊樹撮影）．

図2 アデレード川にボートを出し入れするためのスロープ付近の風景．釣り人などにイリエワニの危険性について警告する看板が設置してある（佐藤薫撮影）．

れていている．イリエワニが生息している川には，「遊泳禁止．あなたの愛犬も遊泳禁止．犬はワニの餌です」などという看板が立っているほどだ．そしてもっとも大きな問題は，採集を行う場所の近くで，このイリエワニの餌付けショーが大々的に行われていることだ．採集用のディンギー（アルミ製の平底ボート）を川へ出し入れするスロープのすぐ横には，ショーを見物させる船の船着き場がある．船着き場から川の本流に出た船は近くの適当な場所で止まり，棒から吊るした餌の肉を水面から2mほど上にセットする．すると，すぐに大型のイリエワニが水面から躍り出るので，その姿を客が見て喜ぶという趣向だ．しかも，毎日何回も餌付けするために大型のワニがたくさん集まっている．私たちはその近くでコモリウオを採集するわけである．このため，採集中やボートで川を移動中は，イリエワニが近づいてこないかつねに周囲に注意を払い，手や足をボートから出さないようにしておく必要がある．ちなみに，イリエワニが川を移動しているときは，流れてくる流木にそっくりである．採集を手伝ってくれた現地の人は，ワニのように見える流木をクロコダイル・スティックとうれしそうによんでいた．

　コモリウオを採集していない時間には，展示や研究用に色々な動物を観察したり採集したりする．この付近でよく目にする魚では，テッポウウオやボラの仲間などの他，ナマズとハゼの仲間がとても多い．魚の身を針に付けて川の中に投げ込むと，ナマズの仲間がいくらでも釣れる．ハゼの仲間ではまだまだわかっていないことが多いらしく，あるとき，キャンプ地の周りで目についたハゼを採集して現地の博物館の研究者に届けたことがあったが，5種のハゼのうち3種が未記載種であることを教えられ，唖然としたことがある．また，日本では沖縄島の狭い範囲でしか見ることができないトカゲハゼがたくさん生息している場所を見つけ，DNA解析資料として採集して持ち帰ったこともある．トカゲハゼは，未記載種を含む数種のトビハゼとともにキャンプ場近くの干潟にたくさん生息していた．昼間はこれらのハゼに近づこうとしても，とてもすばやく穴の中に逃げ込んでしまうので手も足も出ない．ある日，現地の人から月のない暗い夜は手網で簡単に捕まえられると聞き，懐中電灯を手にして干潟へ行ったところ，いとも簡単に採集することができた．イリエワニはこの場合も脅威であり，我々が行ったときには，干潟につ

れていってくれた現地の人が昼間この付近にイリエワニが出没していないことを確かめてくれていた．

　肝心のコモリウオであるが，葛西臨海水族園の展示水槽では現在までに20回以上も産卵を確認しているが，いずれも正常な産卵ではなく，残念ながらオスが卵の塊を額のフックに付けることには成功していない．水族園では水温や日長などの飼育条件を変化させて繁殖を促す試みもはじめており，飼育水槽で正常な産卵が観察できるようになればコモリウオの産卵生態の解明が大きく前進すると思われる．一方，最近になって，アメリカのティム・ベラさんは現地に長期滞在し，我々が開発した採集・輸送・飼育方法などを参考にしてコモリウオの生態に関する研究を進め，産卵に関わる研究成果をいくつも発表するなど，産卵生態の解明に大きく寄与している．私も，コモリウオに興味を持つ人が増えてくれて，コモリウオの産卵習性が早く解明されることを願っている．

南極と北極での採集

　氷の海である南極海には，ここだけにしか見られない固有の生物が多い．魚では赤血球を持っていないため血液が透明なコオリウオなど，ノトセニア類（亜目）の魚の多くが南極海だけに見られ，水族園の展示テーマの「世界の海」に欠かせない海域だった．

　南極の生物は採集に行かなければ入手できないので，開園半年前の1989年3月，水族園の職員4名が南極半島近くのキングジョージ島で採集を行った．このときは，主にカゴとよばれるトラップで，ノトセニアの仲間やミドリヒモムシの仲間などの生物を採集している．しかし，カゴでは採集できる生物が限られてしまうため，1990年1月には，カゴ採集に加えて職員の1人がスキンダイビングでウニやヒトデなどを採集した．この職員はウェットスーツという海水が内側に入ってくるタイプの潜水服を着て採集を行った．つまり，採集中には水温0℃近い水が潜水服と体の隙間に入ってくるのだ．彼が意を決して生物採集に出掛けた後に，私はヘリコプターで生物の輸送容器に詰める氷を集めに行っていた．このため，彼の潜水の様子は後から聞いたのだが，それによると，彼は海水のあまりの冷たさにすっかり凍えしまい，10分もしないうちに船に

這い上がり，大きなビニル袋を全身にかぶって震えていたとのことである．この職員の決死的な試みのお陰で，南極でも潜水が有力な採集手段であることがわかったため，翌1991年に行った3回目の採集からは，ドライスーツ（水が入ってこないので，水の中にいても体は乾いていて暖かい．服を着たまま潜水が可能）とスクーバを使って本格的に潜水採集をはじめることにした．前年の果敢な職員の犠牲的な試みがなければ，こんな冷たい海で潜水しようなどとは誰も考えなかっただろう．もっとも，獲物は豊富になったものの，持って行く機材は格段に増えてしまった．潜水に必要な機材だけでも，10本ほどの潜水タンク，空気充填用のエアコンプレッサー，潜水用の重り（私の場合，腰に8 kg，胸に5 kg，足首に1.5 kgほどの重りを付けるが，これは体重の30％ほどになる）などが必要で，これに他の採集用機材と生物の輸送用機材などが加わるため，総重量1トン近くの機材を空路で運び込まなければならないことになってしまった．

　潜水採集による成果は，採集物が以前と比較にならないほど多種多様になったことだけではなかった．潜水をはじめたお陰で，新しい研究対象を見つけることができたのだ．それは，泥場の海底に沈んでいる千切れた海藻の塊が，トレマトムス・ニューネッシという魚やグリプトノータス・アンタークティクスという等脚類（ワラジムシなどの仲間）などにとって重要な成育場所や隠れ場所となっていることに関するもので，何年かの調査を経て南極採集に参加した水族園の職員が共著者となり論文にすることができた．

　一方，北極の方はもともとの計画ではなく，最初は新しい展示海域として中国の渤海での採集を計画していた．渤海は，有明海に生息する生物の故郷のような場所だ．泥水で有名な黄河が流れ込んでいるため，広大な泥干潟がつくられ，泥干潟に特有な多くの生物が生息している．しかし，計画段階で天安門事件が起き，その代わりに選んだのが北極海であった．

　北極では，1991年7月にカナダ領のコーンウォリス島で採集したのが最初である．この島の緯度は北緯75度で，南極での採集場所であるキングジョージ島の南緯62度よりも高緯度にあたり，夏は一日中太陽が沈まない．水温もマイナスになり，とても冷たい（海水には塩が溶けている

図3 北緯75度の北極圏で，ダイビング採集用の機材をカヌーに積み込む水族園職員．イヌイットの人たちはこのカヌーをアザラシなどの狩猟に使用する．

図4 南極のウニやヒトデの仲間．写真左端中央に写っている小型のヒトデは，2mmほどの子供を産む．極地のヒトデや等脚類では，生んだ卵や子供を保護する種が見られる．

図5 南極の大型ヨコエビの1種 *Paraceradocus* sp..大きさ5cmほどになり,海底の石の下面などで見つかるが,いまだ学名がつけられていない.

図6 銀色に輝くシマガツオ.葛西臨海水族園の展示水槽に収容された個体(中川成生撮影).

ため，－2℃近くならないと凍らない）．南極ではドライスーツを着ていれば1時間以上海中にいても平気なのだが，ここでは体が冷え切ってしまう．なかでもいちばん戸惑ったのは，潜水中に方角を確かめるための大事な道具であるコンパスが使えないことだった．磁石の北極点がこのコーンウォリス島のすぐ近くに位置しているため，コンパスのN極が地面の方，つまり真下を向いてしまい，まったく役に立たないのだ．そのお陰で，私は怖い目に会った．

　ある日，3人で海に潜り採集をしているときだった．海底は沖に向かってなだらかに深さが増していき，あたりの地形は変化に乏しい．ここで私は他の2人とはぐれてしまった．水中であわてるのはとても危険であるので，あわてず騒がず心を落ち着かせて考えた結果，仲間の2人は沖のほうに泳いで行ったはずだと判断した．そこで，私も沖の方角に向かうつもりで海底を5分ほど泳いでいると，おかしなことにだんだん浅くなってきて，最後は陸近くに漂着した流氷にたどり着いてしまった．しかたがないので，氷の上に這い上がり2人を待つことにした．後で聞いてわかったのだが，そのとき2人は海中で私を探し回ってくれていたそうだ．2人のタンクの空気も少なくなり，ついに探すのを諦めて戻ってきたところ，氷の上でノウテンキに手を振っている私を見たという次第である．2人にはとても迷惑をかけてしまい，私自身も引き返そうと決めていたら困った事態になるところだった．ところでこのダイビング用コンパスであるが，実は，途中で日本から持ってくるのを忘れた事に気付き，北極に入る直前に一泊したエドモントンという街で必死になって探して，やっとのことで手に入れたものであった．それがまったく役に立たないとわかったときの虚しかったこと．このようなことがあってから，北極での潜水では潜水補助者として必ず1人が陸上に残り，潜水者につないだ細いロープで潜水者との連絡を保つようにした．ロープがあれば方向を見失うこともないし，流氷などが押し寄せてきても潜水者へ知らせることができ，安全を確保できるというわけである．

　こうして葛西臨海水族園では南極と北極の生物を並べて展示することができるようになった．両極の生物を見てみると，南極と北極は地球の正反対の場所にあり，とても距離が離れているため，魚や無脊椎動物では共通の種はほとんどいない．では，固有種（その地域でしか見られな

い種)はどうかというと,南極海は南極大陸を取り巻くようにして流れる強大な海流の内側に位置していて外と切り離されているため,固有種がとても多い.一方,地球儀で確かめるとよくわかるのだが,北極海は大西洋に向かって大きく口を開けていて,生息生物も大西洋北部と共通する種が多く,固有種は少ない.また,狭いベーリング海峡を通じて北海道付近まで同じ種が分布している例もある.

　このような違いがある南極と北極だが,両地域ともとても冷たいがために似ていることも多い.たとえば,北極と南極の水深10mくらいまでの場所では,漂着した流氷に海底が削られてしまうので,岩の表面にくっついて生活する生物はほとんど見られない.しかし,それより深いところの岩には,南極でも北極でもイソギンチャクやウニ,ヒトデなど様々な無脊椎動物が大量に生息しているのを見ることができる.また,水中を泳いでいる魚はほとんどおらず,目につく魚はみんな海底で生活している(南極では,泳ぎ回る生物を見つけてもペンギンだったりする).普通は1cm程度の大きさにしかならないヨコエビ類や等脚類などのグループに巨大な種が出現することも北極と南極に共通することであるが,この巨大化の傾向は水温が低い深海でも見られる.ヨコエビ類は南極でも北極でもおびただしい数が生息していて,魚などの重要な食物になっているようだ.ヨコエビ類の重要性は,実際に現地で潜ってみなければ実感できないことであり,両極地での採集は,自分の手で生物を実際に採集するということの大切さを体験できた貴重な機会であった.

深海魚の採集

　深海魚は大型の外洋性サメなどとともに飼育・展示するのがとても困難な生物であるため,水族園では開園前から新規展示開発の主要なターゲットにしてきた.

　深海魚というのは,おおよそ水深200mより深いところに生活の拠点を持つ魚だと考えてよい.体長17cmほどになるヨミノアシロという魚は大西洋の水深8370mから採集されていて,これが標本で確認された魚の生息深度の世界記録だ.この水深では1cm^2当たり860kgもの水圧

がかかり，水温も0℃近くまで冷たくなる．このように深いところから水面に引き上げられた魚は，圧力と水温の急激な変化によって体そのものや酵素の働きに深刻なダメージを受ける．このため，このような水深の魚は，今のところ生かして採集・輸送することができない．今まで生かして水族園へ運び込んだことがある魚は，200〜400m程度の水深に生息しているものが多い．この中でもっとも深いところから採集された種はアベゲンゲで，相模湾の水深1050mから採集されている．

このように，深海魚の採集は難しく，失敗も多かったが，色々と新しいことも試みているので，その努力の一端を紹介しておきたい．

水族園が展示開発しようとした魚の中にシマガツオという魚がいる．左右に平たく，背中が黒く，体は銀色に輝き，目が大きい，つまり銀色の円盤を立てて背中を黒く塗って大きな目を付けたような体形だ．400mほどまでの水深に生息し，夜には表層に浮上するという生活をしていて，相模湾では初夏に釣りで採集できる．この魚は，釣り針にかかると深いところから水面までとても力強く暴れ続けるが，船の生簀に収容するとあっという間に元気をなくしてしまう．海の中と生簀の中ではまったく別の魚のように思えるほどだ．そこで，担当者は，急激に水面まで引き上げるから魚が弱るのだと考え，対処法をひねり出した．それは，魚を水面下10mほどまで引き上げたら，あらかじめ用意しておいた大きなカゴの中に魚を収容し，それをまた深いところに沈めておく．その後，徐々にカゴを引き上げていくようにすれば，いい状態の魚を手に入れられるというわけだ．実際の採集場所は水深が1000mほどあり，その水面下10m付近で職員が魚を直接カゴに収容することになる．このように周囲一帯は水だけで目印となるものが何もない海の中では，いちいち水深計で確認しなければ自分がどのくらいの深さに潜水しているかがわからず，経験の浅い職員では危険を伴う．そのため，計画を立案した職員ともう1人の経験豊富な職員の2人が潜水作業を担当することにした．1人が水中でカゴを支え，もう1人が魚を針からはずすという役割分担だ．万が一のため潜水者をロープでつなぎ，専用の職員を付けロープを船上から操らせることにした．潜水者がロープを一回引っ張ると引き上げろの合図，2回引っ張るとロープを繰り出せの合図だ．使用する特製のカゴも完成させ，その他万全の準備をすませ，採集に臨んだ．

採集の途中では，潜水者が水中作業を終了しロープで引き上げの合図を出したところ，船上のロープ担当職員の1人が合図を取り違えてロープを繰り出したために，潜水者の1人が逆に沈んでしまうというアクシデントがあったものの，目論見通り針にかかった魚を水面下10mでカゴに収容し，再度深い所に沈めることに成功した．この後は，徐々にカゴを上げて状態のよい魚を回収するばかりになったのだが，なんと潮の流れが早すぎて，カゴが水面近くまで吹き上げられてしまった．準備万端で臨んだこの採集は，予想外のアクシデントのため，あえなく失敗してしまった．

その後，シマガツオを釣っていたときのことである．釣り針にかかったシマガツオを水面まで上げてきたとき，いきなり3mほどのヨシキリザメが現れ，我々の目の前でシマガツオを半分食いちぎっていった．これを見ていた潜水担当の職員は，即座に言い放った．「もう潜るのは絶対に嫌だ」．

いったんカゴに収容するというこの方法は，発光する深海性のサメの採集でも試みている．そのときは，一晩深いところに放置しておいたカゴをどうしても見つけることができず，やはり失敗に終わってしまっている．どうも我々は魚をカゴに入れていったん沈めておくという方法には縁がないようである．このようなわけで，その後はこの見込みのありそうなカゴ収容作戦は試みていないが，色々な採集と畜養の方法を試した結果，シマガツオの最長飼育記録は4カ月にまでなった．飼育中に死んだ魚の胸鰭をよく見てみると細かな気泡が見つかる．これは一種の潜水病で，飼育記録を伸ばすためには，採集・飼育方法をさらに改良していく必要があるというのが今のところの結論である．

葛西臨海水族園では，色々な失敗を含め多大な努力を深海魚に払ってきた．その結果，現在までに100種近くの深海魚を採集・飼育することに成功している．

参考文献

馬場金太郎・平嶋義宏．2000．新版昆虫採集学．九州大学出版会，福岡．812 pp.

Berra, T. M. 2003. Early life history of the nurseryfish, *Kurtus gulliveri*

(Perciformes: Kurtidae), from northern Australia. Copeia, 2003 (2): 384-390.
Berra, T. M. and J. D. Humphrey. 2002. Gross anatomy and histology of the hook and skin of forehead brooding male nurseryfish, *Kurtus gulliveri*, from northern Australia. Environmental Biology of Fishes, 65: 263-270.
松浦啓一・林　公義．2003．魚類．『標本学　自然史標本の収集と管理』（国立科学博物館編）．pp. 25-31．東海大学出版会，東京．
日本動物園水族館協会教育指導部（編）．1997．新・飼育ハンドブック水族館編第2集　収集・輸送・保存．日本動物園水族館協会，東京．169 pp.
Sakurai, H. 1997. Deep Sea Fishes in Tokyo Sea Life Park. Proceedings of 6th International Aquarium Congress.
Sakurai, H., T. Sato, H. Arai, A. Takasaki, S. Tada, H. Hori, I. Kimpara T. Matsuyama and M. Kodama. 1996. Habitats of fish and epibenthic invertebrates in Fildes Bay, King George Island, Antarctica. Proc. NIPR Symp. Polar. Biol., 9: 231-242.
佐藤隼夫・伊東猛夫．1961．改定無脊椎動物採集・飼育・実験法．北隆館，東京．445 pp.
鈴木克美・西源二郎．2005．水族館学．東海大学出版会，神奈川．431 pp.
多田諭・荒井寛．1993．ナーサリーフィッシュの採集と飼育．どうぶつと動物園．45 (12): 442-446.
Tada, S., T. Sato, H. Sakurai, H. Arai, I. Kimpara and M. Kodama. 1996. Benthos and fish community associated with clumps of submerged drifting algae in Fildes Bay, King George Island, Antarctica. Proc. NIPR Symp. Polar. Biol., 9: 243-251.

第3章
飼育設備の進歩
塚田　修

　水槽にふわふわ浮かぶミズクラゲ，高速で遊泳するカツオやマグロ，ひらひらと泳ぐ華麗なチョウチョウウオの仲間．水族館では多種の水生生物が飼育されている．このような多様な水生生物を水族館で飼育するには，飼育水を生息水域の水環境にどれだけ近い状態に保てるかが重要なポイントである．水生生物は水中の酸素を呼吸し，食べた餌を消化して糞や尿を排泄して飼育環境を悪化させる．新鮮な水をつねに送り込めば排泄物は流され酸素も補給されるが，同じ水を循環させていると溶存酸素の減少，アンモニアの増加，糞などの蓄積がおきて水質を悪化させる．

　飼育環境を良質に維持する方法，すなわち水族館における飼育方法としては，取水したきれいな水をそのまま飼育水槽に給水し水槽から出た水は放流してしまう開放式（流水式）飼育法と，水槽に入れた水を濾過槽で浄化して繰り返し使用する閉鎖式（循環式）飼育法がある．循環式飼育法に用いられる濾過槽では，物理的に浮遊懸濁物を櫛取って透明度を保つとともに，濾過材に付着した硝化細菌の働きでアンモニアを毒性の弱い亜硝酸に変え，さらに生物に害が少ない硝酸へと変化させている．このような硝化細菌による生物的処理によって循環式飼育法が可能になっているのである．

　現在の水族館は，濾過槽を設置する循環式の施設がほとんどである．これは，（1）取水場所にもよるが，天候や海況によって飼育水として良好な水が確保できない．（2）すべてを取水による流水飼育では，水温が取水水温に左右され，飼育生物に適した水温管理ができない．（3）

A brief history of development of aquarium facility.

取水量が多ければ，海水を購入している場合は費用がかかりすぎる．また，大きな排水処理設備が必要となる．（4）飼育生物に寄生虫などの感染性の病気が発生した場合，充分な治療が出来ず大量死のおそれがある．などの理由からである．

現在のように水族館で多様な生物を飼育できるようになったのは，濾過循環や水温調節など，飼育環境を造る設備技術が向上したからでもある．

濾過循環システムのはじまり

1882年，日本最初の水族館である，上野動物園の観魚室「うをのぞき」には，飼育水を浄化する濾過循環装置はなかった．淡水は千川上水から引いて飼育水として使用していたが，海水は汲み置いた水が汚れたら取り替えるだけの「止水飼育」であった．せいぜい満潮時に隅田川あたりから汲んできて交換するくらいで，飼育水はすぐに悪化してしまい生物を長期間飼育することできなかった．日本ではじめて飼育水を循環させた水族館が建設されたのは，1897年に開催された第2回水産博覧会の付属施設として神戸の和田岬に建てられた「水族館」で，砂濾過を通った飼育水を大きな貯水槽にいったん集めて，そこから高架水槽に上げて各水槽に給水していた．飼育水槽には石油発動機でエアを吹き込んで溶存酸素量を保っていたが，加温冷却装置はまだ備えていなかった．博覧会の水族館が非常に好評だったので，1899年（明治32）に東京に建てられた「浅草公園水族館」でも濾過槽を備え循環していたが，砂濾過槽での硝化細菌による生物処理よりも，大きな貯水槽での沈殿処理効果を期待していたようで，飼育水槽よりも数倍も大きな貯水槽を持っていた．1903年の第5回内国勧業博覧会で堺市大浜公園に建設された水族館でも砂濾過槽で水を循環していたが，加温冷却装置はなく，夏は大型の換気扇を回し，冬は窓に目張りをして水槽の水温を調整していた．その後も各地に水族館が建設されたが，大学の臨海実験所付属の水族館や海岸近くに建設された水族館が多く，ほとんどが海から取水した海水をそのまま水槽に送り，使用した海水はまた海に放流する開放式の水族館であった．

飼育システムの進歩

　1952年に上野動物園内に竣工した水族館は，建設前に飼育設備（濾過循環装置）の実験を行って建てられた．この水族館の施設と管理を設計に係わった久田迪夫氏が『魚5号』誌に紹介している．それによると，「海水は，観覧室床下の貯水槽から揚水ポンプで一旦高架槽に揚げられ，自然流下して放魚槽に入る．放魚槽を溢れた水は水路に導かれて濾過槽に集まり，浄化されて貯水槽に帰る．冬季は高架槽より貯水槽に移る途中でボイラーを通過して，水温が高められる」と循環の方法を模式図とともに説明している．濾過循環の方法は現在とほぼ同様であるが，放魚槽（展示水槽）の水量が15槽で24.5m^{3}であるのに，貯水槽が284.6m^{3}と大きく，砂濾過槽による生物処理よりも，まだ貯水槽での沈殿効果を重視していた．循環ポンプは砲金製横型渦巻ポンプを使用し1日に飼育水槽容量で約14ターンさせていた．また，海水が通るパイプは鉛管を，バルブはすべて砲金製スリースバルブが使われ，鉛管は絨毛フエルトで保温していた．冬場の加温装置はまだ試作で海水の通った不しゅう鋼（18～8クローム鋼）の水管をガスボイラーの焔で直接加熱して水温を保っていた．収容動物はタコやイセエビなど無脊椎動物の長期飼育が困難で

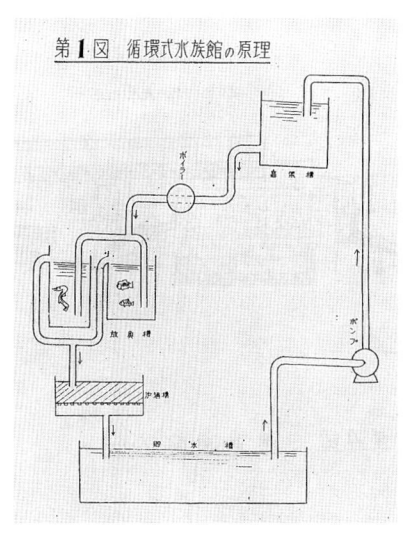

図1　1952年に建設された上野動物園水族館の循環図（久田：魚5号より）

第3章　飼育設備の進歩 ── 45

図2　エアリフト方式濾過槽（大分生態水族館：1965年当時）

あったため，魚類が中心で種類も豊富ではなかったとの事が飼育記録に残されている．

　上野動物園水族館に続いて，1954年に江ノ島水族館，1955年に鳥羽水族館，1956年に市立下関水族館などが続々と建設された．江ノ島水族館は海岸に建設されたにも関わらず，上野動物園水族館と同様の濾過循環式を採用して建設された．ただ，貯水槽と濾過槽が小さかったため，濾過槽がすぐに目詰まりを起こし，pH低下にも悩まされたと当時の記録に残されている．加温冷却用の熱交換器水槽は木製で，冬はボイラーから温水を入れ水温を上げ，夏は井戸水で飼育水を冷していたが冷却が充分にできず，真夏は氷を入れて水温を下げたとのことである．また，飼育海水の配管には1952年に量産がはじまった硬質塩化ビニール管を使用して塩害対策が行われていた．なお，硬質塩ビの継ぎ手は1954年に製造がはじまったが，バルブは1957年に開発され，同年に量産が開始されたため，バルブ類はまだ砲金製であった．1957年に完成した神戸市立須磨水族館では，濾過槽の最上層に現在の水族館でも使用している濾過砂と同じ有効径0.65，均等係数1.3～1.5の砂を使用し，一部の濾過槽では水道水による逆洗が可能になっていた．また，比重やpHの低下を防ぐた

図3　積層式濾過槽

め，粗塩や生石灰を投入して水質を保っていた．

なお，この時期には佐伯（1958）によって「魚介類の循環濾過式飼育法の研究　基礎理論と装置設計基準」など砂濾過槽よる，アンモニア硝化や排泄物の除去および飼育（収容）生物量と濾過槽容量の関係などの研究が報告されている．これによって，濾過循環で魚類を飼育するための指針ができたことで，その後，新設された水族館の濾過槽設計に大いに役立っている．

1960年代になると，エアリフトを利用した底面濾過や平衡式濾過が考案され，動力を使わない濾過方法として多くの水族館に導入されている．1964年に開館した大分生態水族館（マリーンパレス）のドーナツ型の回遊水槽はこの濾過方法を採用している．このころの濾過槽はすべて重力式（開放式）であったが，1962年に密閉型の濾過槽がはじめて開発された．それは，鉄製のケースに砂を入れた積層式密閉濾過槽で1970年頃までに開館した水族館の中・小型水槽用濾過槽として設置された．この濾過槽は高さ300mmの鉄製ケースを3～5段重ねて並列に水を流して濾過面積を多くし設備スペースを縮小させていたが，砂の厚さが不十分で水が濁ったり，密閉式で逆洗が上手くできないこともありメンテナンスが大変だったため，現在ではほとんど使用されていない．

1964年に水族と両生爬虫類を展示する上野動物園水族爬虫類館が新設された．2年後の1966年にこの水族館の入口に造られた大水槽には鋼鉄製で大型の密閉式（圧力式）濾過槽が日本で初めて使用されている．この濾過槽は内部がFRPライニングされていたが，ピンホールができて水漏れを起こすことがあったとのことである．圧力式濾過槽は1969年に京急油壺マリンパークの大水槽や，1970年の東海大学海洋科学博物館に

使用されている.

透明な飼育水をめざして

　1980年に開館した南知多ビーチランドは，哺乳動物（イルカやアシカ）や魚類大水槽の循環水に日本でははじめてオゾンを注入して，飼育水の殺菌および透明度の向上を目指した．オゾンは残留すると設備を腐食して配管の接続部などから水漏れを起こし，運用にはかなりの苦労があったようである．オゾン処理は1988年に東京都葛西臨海水族園，1990年に大阪・海遊館や大分生態水族館に本格的に導入されている．

　一方，屋島山上水族館では1987年に海水を電気分解して塩素を発生させ，魚病（寄生虫）の治療に使用した．塩素は殺菌作用とともに飼育水の透明度を向上させるが，残留塩素量が0.05ppmで魚類の死亡例があり運用には注意が必要であった．鳥羽水族館は1990年に「魚類などに影響がなく透明度を向上させる塩素濃度は0.01ppmである」と判断して海水電気分解装置を導入した．海水の電気分解による塩素注入は，1993年に海の中道海洋生態科学館などの魚類水槽に導入されている．殺菌装置と

図4　泡沫分離装置（八景島シーパラダイス：1997年）

してはオゾンや塩素と異なり残留がない UV（紫外線）を使用する水族館もあり，殺藻効果もあるので透明度も向上することが知られている．

　水中に小さな気泡を出して，その気泡にタンパク質を吸着させて浮遊懸濁物も除去する泡沫分離装置（プロテイン・スキマー）は，欧米では1960年代後半から使用されていた．日本の水族館では1997年に横浜・八景島シーパラダイスがラッコ水槽に初めて使用し透明度を向上させた．その後，1999年に箱根園水族館の海水生物水槽，2001年に下関市立しものせき水族館「海響館」などに導入されている．

現在の一般的な水処理設備とその運用

　最近の新しい水族館は数千立方メートルもある大水槽に多種多様の生物を飼育した展示が多くなり，飼育水を管理する設備も砂濾過槽のほかに，オゾンや塩素などの殺菌装置が設置されるようになった．また，観覧面には幅22.5m，高さ8.2mのアクリルガラス観覧窓が取り付けられたり，アクリルガラスで半円状のトンネルが20mもの長さで造られるようになり，臨場感あふれる展示が多くなっている．このような大水槽では，収容されている飼育生物やディスプレーなどに観覧者の注目が集まっているが飼育水が生物にとって良好な水質であるとともに，観覧者にとっては見応えのある高い透明度であることが要求される．

　現在水族館で使われている濾過槽には重力式と圧力式があるが，いずれにせよ，新しい濾過槽を運転すると，物理処理はすぐに行われるが，生物処理は硝化細菌が熟成して正常に濾過できるようになるまでに1～2カ月程度かかってしまうので，注意が必要である．濾過槽の濾材には0.6mmの珪砂を60cm充填して運転するところが多い．以前は，濾過槽の下部に設置する集水管に穴を開けた塩ビパイプなどを使用していたため，60cmの珪砂層の下に80cm程度の支持砂層が必要であったが，デスクストレーナーが開発されたことで現在の濾過槽は0.6mmの珪砂単層での濾過も可能になっている．哺乳動物の濾過槽は物理濾過を重視するため，0.6mmの珪砂の上にアンスラサイトを充填して使用する．濾過速度は水槽容量1m^{3}当たり5kgの魚を飼育した場合，重力式で5m/h，圧力式で10m/hで運転する水族館が多い．なお，圧力式濾過槽で飼

図5 重力式濾過槽（しもせき水族館—海響館）

育実験を行った例では，濾過速度を36m/hで運転しても硝化細菌は10m/hと変わりなく機能しアンモニアを亜硝酸に，そして硝酸へ変化させるが，濾過槽が1週間程度で閉塞し逆洗頻度が増加してしまったとの報告もある．濾過槽負荷は収容している生物量（給餌量）によって異なるので，飼育生物量が少なければ濾過速度は速くすることも可能だが，逆洗間隔が短くなることがあるので注意が必要である．

濾過槽での負荷を少なくするため，飼育生物種によっては飼育水槽から濾過槽までの配管途中に前処理設備を取り付ける．ラッコやアシカなどの哺乳動物を飼育する水槽にはバケット式のストレーナーが多く使用され，砂濾過槽での負荷を軽減させている．魚や無脊椎動物を飼育する水槽では泡沫分離装置（プロテイン・スキマー）を使用する水族館もある．泡沫処理は水中の汚濁物質が多いと泡は多くなり，泡は汚れとともに浮上して排出されるので，餌を与えた直後は泡沫槽からの排出量は多くなる．この泡は海水では多く発生するが，淡水では少なく泡沫処理の効果はあまり期待できない．また，油は消泡作用があるので脂分が多い生餌を与えると泡沫処理槽からの排出量は少なくなる．

飼育水を長期間使用していると，水槽中に細菌が繁殖し飼育生物に病気が発生しやすくなる．また，藻類が繁殖すれば水の透明度も悪くなり展示効果は低下してしまう．殺菌装置を使用すると細菌類を殺すだけではなく，殺藻効果も期待でき，また塩素やオゾンは飼育水を脱色して透明度の向上につながる．殺菌装置には紫外線殺菌装置，オゾン発生装置，塩素注入装置（海水電気分解）などがある．紫外線殺菌装置は殺菌力の強い紫外線を照射して殺菌するため，濾過槽から水槽に戻る配管に取り付けて使用する．薬剤を注入する方法に比べ，残留がないので安全性

が高く，殺菌と共に殺藻効果もあるので透明度も向上する．

　オゾンは強い酸化作用を示し殺菌するため，浄水場や下水処理場などでも使用されている．淡水中では自己分解して比較的速く酸素分子となり残留時間は短いので比較的安全である．海水中では臭素イオンと反応して，ほとんどが安定した物質であるオキシダントになる．オキシダントは酸化力が強く，海水中におけるオゾン処理はオキシダントによる反応である．毒性が強いので，水槽に残留すれば飼育生物に影響があるとともに，大気中に放出されれば人体にも害をおよぼすので注意が必要である．水族館ではオゾン反応槽を設置したり，循環水から分岐した一部の配管にオゾンを注入して飼育水槽での残留が0になるように制御して運転している．

　イルカやアシカなどの哺乳動物を飼育する水槽には，殺菌のため次亜塩素酸ナトリウムを水槽での残留塩素濃度が0.1～0.5ppmとなるように定量ポンプで注入する．塩素は残留塩素濃度が0.03ppmでも魚に影響があるとの報告があり，低濃度で注入するには海水を電気分解して塩素を発生させる装置が使用されている．オゾンと同様に循環水配管の一部を分岐し電気分解装置を取り付け，魚類水槽では残留濃度が0.01ppm以下になるように運転する．また，塩素は脱色作用もあるので飼育水の透明

図6　小型のプレート式熱交換器（琵琶湖博物館）

度も向上させる．オゾンに比べ設置費用や運転経費が安く，使用する水族館が多くなってきている．オゾンにせよ，塩素にせよ過剰に残留すれば生物に害となるので，担当者が機器をよく理解して管理・運用することが必要である．これらの殺菌装置は通常濾過槽から水槽への給水配管に取り付けられる．

　水温を調整する熱交換器も濾過槽から水槽への給水配管に取り付ける．水族館では海水に強いチタン製の熱交換器が多く使用され，貯水槽や水槽に直接投入するパイプ式（蛇管タイプ）と循環配管に取り付けるプレート式およびシェルアンドチューブ式（多筒多管式）がある．このうち，プレート式は圧力損失が小さく，高い熱回収が得られ，分解および掃除が簡単で，そのうえ増設も容易なので能力アップが可能なことから，多くの水族館で使用されている．

新しい鳥羽水族館の飼育設備

　鳥羽水族館は1955年に開館した施設が老朽化したため，1990年に「新しい水族館」を建設した．1986年にはじまったこの新館建設計画において飼育設備の整備計画を担当したので，その経緯を紹介する．

　旧鳥羽水族館の本館は約30年前に建てられた施設で，汽車窓式水槽では落水配管の一部で砲金のバルブがまだ使用されていた．また，濾過槽はネトロン管（塩ビでできた多孔パイプ）上に防虫ネットを被せて砂を敷いた重力式濾過槽が観客通路の下にあった．この濾過槽の掃除は入館者の少ない時期に通路を閉鎖して，すべての濾過砂を外に出し，ネトロン管を取り上げ，濾過槽の掃除と濾過砂洗いを分担して行った．年に2回行われたこの濾過槽掃除は，当時の男子飼育職員が全員で行ったが，まる1日がかりの大仕事であった．また，海水は水族館敷地内を掘って造った井戸から取水していたが，井戸の横が川であったため，干潮時は比重が下がり，大潮の期間は井戸の底に溜まった泥を巻き上げて飼育水として使用できないことがあった．新しい水族館では，展示施設および生物を充実するとともに，常に海水汲み上げが可能な取水設備や逆洗（洗浄）のできる濾過設備が要望された．

　実際の工事は1988年からはじまったが，建設工事2年ほど前から展示

図7　小型のオゾナイザー（鳥羽水族館）

構想を検討するプロジェクトが水族館内に作られ，飼育担当者の要望を聞きながら展示水槽および濾過循環方法の原案を作成した．しかし，建設工事直前に予定していた飼育設備業者が交代するなどのアクシデントがあり，各展示水槽の水をどのような設備で濾過循環させるか，取水をどうするかなどの原案を再び建物を施行する業者と作成することになってしまった．設備担当になった飼育係が原案を作成するのだが，昼間は飼育生物の世話をし，夕方になると工事の現場事務所で各水槽の循環設備フローシートを作成し，次の日には，前夜に作ったフローシートを水族館に持ち帰り，各水槽の飼育担当者と再確認する毎日が続いた．

　新しい水族館は国道と近鉄線路をまたいだ鳥羽湾に面した場所で，水族館から徒歩で数分の場所にあったが，毎日，朝からの作業が終わると打ち合わせで建設現場にかよい，多い日には7～8回も水族館と建設現場を往復することになった．この打ち合わせで水族館側から飼育設備に関して設備会社に提案したことは，①海水取水口は護岸近くで良好な水が汲み上げられる位置にする．②どの水槽も1時間で落水および満水ができること．③濾過槽は魚類・無脊椎動物などの水槽は重力式濾過槽，哺乳動物・鳥類などは圧力式濾過槽を使用する．④循環率は魚類・無脊椎動物は1ターン/1時間以上，哺乳動物は種類によって異なるが1タ

図8　新鳥羽水族館の全景

ーン／2時間以上を基本とする（ただし，ラッコ水槽は1ターン／0.5時間）．⑤濾過槽の逆洗は水（海水）で行いエアは使用しない．⑥飼育水の殺菌のため塩素（海水の電気分解を含む）やオゾンそして紫外線殺菌装置を使用する．などであった．

　海水の取水口は水族館を建設している護岸から23m沖の鳥羽湾に決定した．この場所は，干潮時でも水深が8mあり水の流れも速く，周辺の海域ではもっとも良好な海水が得られる場所であった．新水族館の観覧通路は地上から6mで水槽も2階以上に計画されていたので，1階は濾過槽などの飼育設備と事務所を配置するスペースになっていた．飼育水槽用の濾過槽やポンプは建築の進行に合わせて現場に入り，図面と照らし合わせながら設置場所を決定し，なんとかそれぞれの水槽の一階部分に濾過槽を設置することができた．魚類水槽の一部で1ターン／1時間となる濾過槽面積を確保できなかったが，水槽の満水時間は濾過槽の逆洗ポンプを使用することで，各水槽とも1時間以内で満水にすることが可能になるなど，なんとか飼育担当者の要望を反映した設備を作ることができた．

　これからの水族館は，水槽が大型化し単に個々の生物を見せる「分類展示」から，生物が生活している自然環境を含めて展示する「生態展示（環境再現展示）」へと変化し，同一水槽に飼育する生物も多種多様な種類を同居させた展示が多くなっている．それに伴って，展示水槽の水質は生物にとって良好なだけでなく，自然よりもはるかに高い透明度が求められ，水族館の水処理はますます高度化が要求されていくだろう．水

族館で飼育している生物は多様で生息環境も異なっているため,それぞれの生物に合った水処理設備が必要であり,これからも飼育担当者と設備担当者の協力によってより良い飼育設備の開発が望まれる.

参考文献
本間昭郎他編.1990.活魚大全.フジテクノシステム,東京,712 pp.
久田迪夫.1954.上野動物園水族館の施設と管理.魚,5:17-34.
加藤益雄.1989.紫外線消毒技術の適応分野.造水技術,15(1):33-39.
河合章・吉田陽一・木俣正夫.1965.循環ろ過式飼育水槽の微生物学的研究 ―Ⅰ,ろ過砂の硝化成作用について.日本水産学会誌,31(1):67-71.
工藤真也.2004.水族館の水管理システム 八景島の場合.矢田貞美(編),畜養養殖システムと水管理,恒星社恒星閣,東京,pp.154-167.
宮本眞樹.2002.塩化ビニル技術史の概要と資料調査結果(2)国立科学博物館 技術の系統化調査報告,2,東京,55-71.
難波高志.1975.塩素の影響について,福井県水産試験所報告,101:1-11.
大塚雅弘.1986.海水電気分解法による有効塩素の海水殺菌,無脊椎動物,魚類,に及ぼす影響.日本動物園水族館雑誌,28(2):29-39.
佐伯有常.1958.魚介類の循環濾過式飼育法の研究 基礎理論と装置設計基準.日本水産学会誌,23:684-695.
鈴木克美.1994.水族館への招待.丸善,東京,241 pp.
鈴木克美.2003.水族館.法政大学出版局,東京,280 pp.
鈴木克美・西源二郎.2005.水族館学.東海大学出版会,神奈川,431 pp.
塚田修.2004.水族館の水管理システム 水族館の水処理.矢田貞美(編),畜養養殖システムと水管理,恒星社恒星閣,東京,pp.131-145.
塚田修・大東達明・阪本信二・山口勝信.1996.水槽透明度向上のため導入した海水電気分解装置の適正塩素注入量について.日本動物園水族館雑誌,38(1):1-7.

第4章

縁の下の力持ち，濾過バクテリアの話
浦川　秀敏

　水族館の1つの大きな役割は，水生生物を飼育し，一般に公開して，多数の人々にふだん見ることが難しい，海や湖沼の生き物たちの生活の一部を，水槽の中に感じてもらうことである．もし主役である水族を絵に例えると，水槽はその額縁のような役目を果たすだろう．絵にふさわしい額縁はその絵を大いに引き立て，私たちを絵の中に誘うが，適切でない額縁は，絵を殺してしまう．現在の水族館は，昔と比べ展示可能な魚種が増加し，私たちは，世界の様々な海での水族の生きざまを，1つの場所にいながら観察することができるようになった．そして魚種だけでなく，それを見せる水槽も多様化している．
　水槽の多様化，展示方法の進化，飼育する水生生物の種類の増加とともに，それを縁の下で支える濾過システムにも様々な改良が繰り返されてきた．

硝化作用と砂濾過槽による生物学的水処理法

　現在，開館されているどこの水族館でも，循環濾過システムを備えた水槽を使った水族の展示が当たり前になっている．ところが，世界で最初の水族館であるロンドン動物園のフィッシュハウスでは，飼育水の循環は行われず，止水中で魚類が飼育されていたらしい．1882年のオランダ・アムステルダム動物園内に開館した水族館で，はじめて濾過槽を備えた展示水槽が使われて以来，循環式濾過システムは世界中の水族館に，急速に普及してきた．試行錯誤の中で，様々な種類の濾過槽が開発・改

Hidden power of aquaria: a story of bacteria working in biofiltration systems

良されてきたが，現在の主流は，砂濾過方式で，水位差を利用して濾過床を通過させる重力式濾過槽と，密閉された濾過槽にポンプで水を送り込み圧力をかけながら濾過槽を通過させる圧力式濾過槽である（図1）．これらの濾過システムはバックヤードに設置されているために，一般には目に触れることがないが，それぞれの水族館の創意工夫が見られ，視点を変えると興味深い舞台裏が見えてくる（図2）．そしてそこでの小さな黒子役が，今回の話の主役，濾過バクテリアである．

砂濾過の2つの大きな役目は，砂の隙間で餌の残渣や小さな粒子を濾し取る物理的なものと，それらを分解して水を浄化し，有害物質を無毒なものに変化させる化学的なものがある．後者の化学的役割の大半は，実は目に見えないバクテリアによってなされている，生物的反応である．

図1　圧力式濾過槽（A）と重力式濾過槽（B）

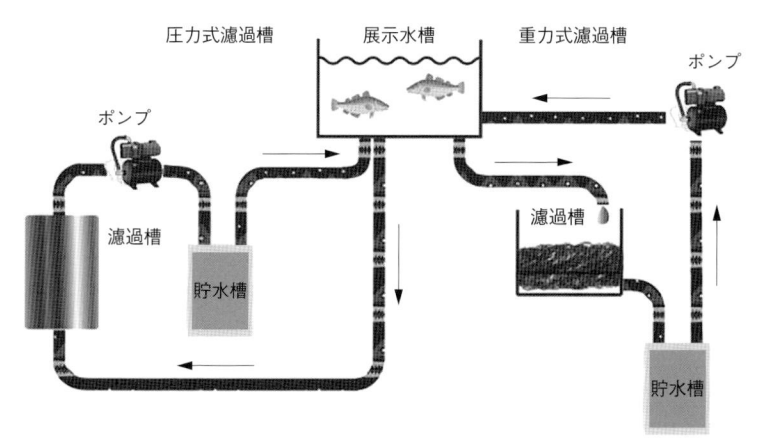

図2　圧力式濾過槽と重力式濾過槽の循環方式

第4章　縁の下の力持ち，濾過バクテリアの話 —— 57

水族館において生物的水処理について論じる場合，それは硝化反応のことをさす．硝化作用は，アンモニアが亜硝酸，さらには硝酸にまで酸化される微生物反応で，アンモニア酸化細菌（ammonia-oxidizing bacteria）と，亜硝酸酸化細菌（nitrite-oxidizing bacteria）という2つの異なった性質を持つバクテリアによる協調作業からなされる．そして両者を合せて硝化細菌（nitrifying bacteria）とよんでいる．また学術用語ではないが，アクアリストや熱帯魚を取り扱う雑誌などでは"濾過バクテリア"として紹介されている．これらのバクテリアはその増殖に有機物を必要とせず，植物のように炭酸固定経路（カルビン-ベンソン回路）を持ち，二酸化炭素を唯一の炭素源として利用できることから，化学合成独立栄養性細菌として分類されている．

硝化細菌は，水圏や土壌環境に幅広く生息し，環境中の窒素循環においてきわめて重要な役割を果たしている（図3）．また我々人間も，硝化細菌を水槽の濾過システム以外に，汚水処理や養豚・養鶏場のアンモニア脱臭などに利用している．一般に自然界では，アンモニア酸化細菌によってつくられる亜硝酸の濃度はきわめて低く抑えられている．これは，亜硝酸が生成される量が少ないからではなく，亜硝酸の生成速度を上回る速度で，亜硝酸が硝酸に酸化されることで自然のバランスがとれているからである．この硝化反応の仕組みは，設置してすぐの水槽で明瞭に観察することができる（図4）．アンモニアの増加に続き，亜硝酸

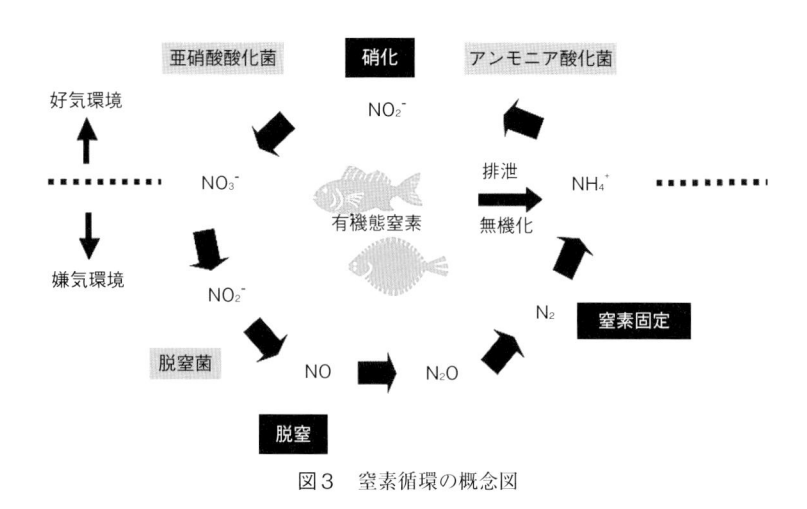

図3　窒素循環の概念図

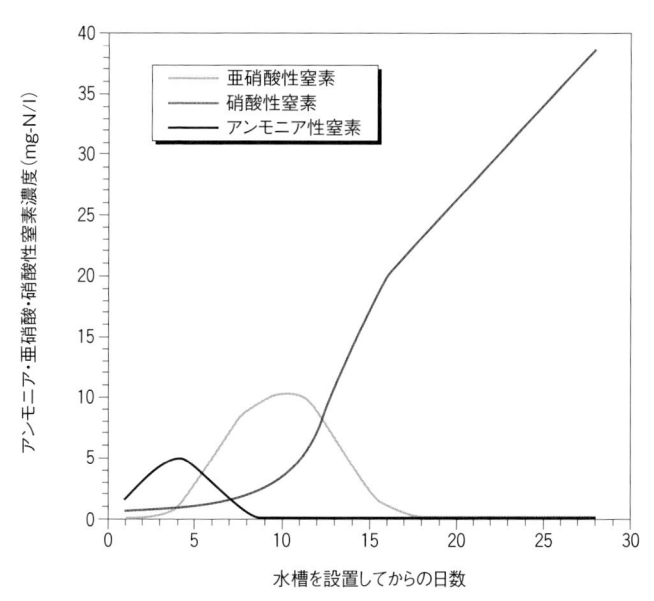

図4 水槽を設置してからの日数とアンモニア,亜硝酸,硝酸の増減

の増加が認められ,続いて硝酸の増加によるピークが現れる.普通,硝化細菌が働いて水槽の水質が安定する,つまりアンモニアや亜硝酸の濃度上昇が認められないようになるまでに数週間かかることが知られている.また濾過槽の熟成には2カ月が必要だといわれている.このことが水槽を設置してから魚をすぐに入れてはいけない1つの理由となっている.

　高濃度の亜硝酸は飼育されている水族だけでなく,バクテリアにとっても毒性が高いことが知られている.その中で硝化細菌は,この亜硝酸に対して強い耐性を持っている.硝化過程がうまく進行している環境では,亜硝酸はすみやかに硝酸性窒素にまで酸化される.その理由の1つとしてアンモニア酸化細菌,亜硝酸酸化細菌の物理的距離の親密さが考えられる.顕微鏡で観察すると,活性汚泥などでは,それぞれのバクテリアのグループが団子状のかたまり(クラスター)を形成し,物理的に緊密な関係を維持している.そのため,アンモニア酸化細菌によって生成された亜硝酸は直接かつ効率的に隣接する亜硝酸酸化細菌群に利用されクラスター内で硝酸にまで酸化されることになる(図5).

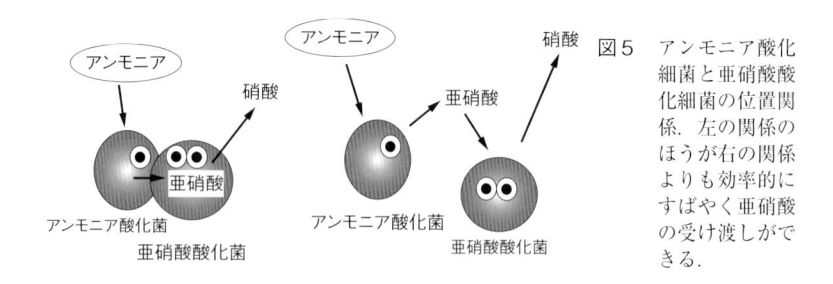

図5 アンモニア酸化細菌と亜硝酸酸化細菌の位置関係．左の関係のほうが右の関係よりも効率的にすばやく亜硝酸の受け渡しができる．

　現在，バクテリアの分類のために，遺伝子情報に重きが置かれている．硝化細菌も例外ではなく近年，遺伝子情報に基づいて再分類がなされている．アンモニア酸化細菌に関しては，これまでに知られているほとんどの種類は，ベータプロテオバクテリア門に属する（主な属として *Nitrosomonas* 属と *Nitrosospira* 属が含まれる）．そして *Nitrosococcus* の1属2種だけが，ガンマプロテオバクテリア門に属することが知られている．また新しいアンモニア酸化細菌が古細菌のグループにも存在することが明らかになり，現在注目されている（*Nitrosopumilus maritimus*）．一方，亜硝酸酸化菌はアルファ，ガンマ，デルタプロテオバクテリア門と Nitrospira 門に分類されている．従来から知られている *Nitrobacter* 属はアルファプロテオバクテリア門に属する．

　それでは実際にどんな濾過バクテリアが水槽の濾過槽内で働いているのだろうか？　米国モントレー湾水族館研究所のディロング（E. F. DeLong）の研究グループは，長期間魚類を飼育している水槽の濾過槽のバクテリアについて遺伝子レベルで詳細な調査を行っている．1996年の報告によれば，海水馴致したバイオフィルターのアンモニア酸化細菌の中で優占していたのは *Nitrosospira* ではなく，*Nitrosomonas europaea* かそれに類縁の *Nitrosomonas* 属細菌であることを報告している．遺伝子解析による現存量の推定からアンモニア酸化細菌は全菌数の20％におよぶと考えられた．また，これら細菌群は淡水条件化では優占しないことが明らかになった．したがって淡水水槽で硝化過程を担っている細菌は種のレベルでこれら菌種とは異なることが予想される．

　一般に海洋細菌の多くは真水で洗浄することによって，その浸透圧変化によって急速に死んでしまう．またサケ科魚類のように海水環境から

淡水環境へ生活の場を変化させる魚類の場合，その消化管内細菌相も海水型から淡水型へ変化することが北海道大学の吉水さんらにより報告されている．したがって海水環境から淡水環境への急速な変化，つまり海水で馴致した濾過材を真水で洗浄することは，大切な濾過バクテリアの大部分を殺してしまうことになるため禁物である．

近年，汽水域から沿岸への塩分勾配が，天然のアンモニア酸化細菌の種組成や多様性に影響を与えていることが明らかにされた．またこのような環境勾配の中で塩分が上昇するとアンモニア酸化細菌の種多様性が減少することが報告されている．この現象が，淡水水槽と海水水槽の硝化菌の種組成や多様性にどの程度普遍的に見られるのかについてはまったく知見がないのが現状だ．そのため今後の知見が待ち望まれる．

一方，亜硝酸酸化細菌に関しては，培養法に基づく従来の研究では *Nitrobacter* 属細菌が主な亜硝酸酸化細菌であると考えられてきたが，近年の分子生物学的手法を用いた研究によって，亜硝酸酸化細菌として重要な役割を果たしているのは，*Nitrobacter* ではなく，むしろ *Nitrospira* であると考えられるようになってきた．濾過槽内では *Nitrobacter winogradskyi* や *Nitrobacter agilis* などは存在しないか，存在しても現存量としては極めて少ないことが報告されている．日本大学の杉田らの研究でも，淡水循環水槽濾過槽からは主に *Nitrospira* が検出されている．

pHと硝化細菌

土壌ではpHがアンモニア酸化細菌の種組成を規定するにあたり重要な役目を果たしていることが報告されている．しかし，水中ではpHは刻々と変化し得るのでこのようなpHの変化がどのように濾過槽の硝化菌に影響を与えているのかについては不明である．アンモニアは水中で分子状とイオン状で存在しており，水族に対する毒性が強いのは，分子状のアンモニアのほうである．この2つの状態はpHにより変化し，飼育水中のpHが高いほど分子状アンモニアの割合が大きくなる傾向がある（図6）．

基本的には飼育水中では植物プランクトンが少なく，炭酸塩の消費が少ないためpHが急激に上昇する要素は少ないと考えられる．一方，一般的には硝酸の蓄積により飼育水のpHは低下する傾向にある．海水はその性質として強い緩衝作用があり，pHの変化が起こりにくいが淡水

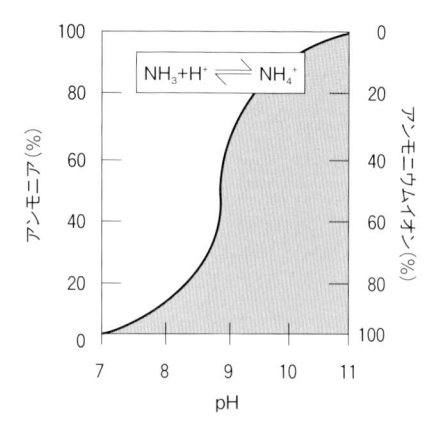

図6 pHとアンモニア，アンモニウムイオンの関係

にはそれがなく，pHの変化の影響を強く受ける．そのため，pHのコントロールにはより注意が必要である．濾過システムが順調に働いている間は，アンモニア濃度は低く抑えられているが，水槽内の飼育生物の一部が死滅すると，急速にアンモニア濃度が上昇する．そのため，死亡した水族を水槽から速やかに取り除くことは水槽内の水環境を守る上で役立つ．

新しい濾過バクテリアの発見

近年，水族館の濾過槽からびっくりするような濾過バクテリアが発見され話題になった．これまで太古の地球環境の面影を残し，普通の生物が生息できないような温泉や塩湖などの極限環境を好んで生息すると考えられてきた古細菌とよばれる一群の原核生物が，実は極限環境以外の環境中にも多く存在していることが1990年代頃から知られるようになってきた．ただし，それらの古細菌が自然界でどのような役割を果たしているかについては不明だった．しかし英国ネイチャー誌に掲載された2006年のコネック（M. Könneke）らの研究結果から，この古細菌群の1つの重要な役割がアンモニアの亜硝酸への酸化であることが証明された．つまり，古細菌に属する新たな硝化細菌が自然界から初めて見つかったことになる．驚いたことに，この新しい古細菌の発見の舞台になったのは，米国シアトル水族館とシカゴにあるシェッド水族館の濾過槽だったのだ．

そこで東京大学海洋研究所の筆者らの研究グループは，アンモニア酸

化能をもったこの古細菌が果たして日本にも存在するのかに興味を持ち，茨城県大洗アクアワールドの濾材から採集された濾過砂（珪砂）から，生物由来のDNAを回収した．そして目的とする古細菌のアンモニア酸化酵素の一部分の塩基配列をPCRという遺伝子増幅法で増幅し解析したところ，確かにコネックさんらが発見したものと類似した古細菌が大洗アクアワールドの濾過槽内にも生息していることが確認されたのだ．また，いくつかの新しいことがわかってきた．1つは，環境中から見つかる様々な古細菌の中でも，限られた種類の古細菌のみが好んで濾過槽にすみついていることである．またチダイ，ホウボウ，アオブダイなど沿岸魚を飼育している水槽や，マンボウを飼育している20℃前後に保った水温の濾過槽の古細菌相の多様性と比べて，約5℃の低温で維持されているトクビレ，サケビクニン等の深海性魚類の飼育水槽の濾過槽内の古細菌の多様性のほうが明らかに低かった．バクテリアの繁殖や分解反応と温度の関係は，酵素と温度との関係とよく似ている．そのため一般に，低温で水族を飼育する場合，硝化反応は常温の場合と比べ遅くなることが知られている．今回の私たちの研究で調べられた古細菌の多様性が低いことと，一般的にいわれている低温環境下での硝化活性が低いことがどのように関連しているのかについてはまだはっきりとしない．しかし今後も，濾過槽内においてこの古細菌群が果たしている役割やその寄与について調査を行っていく必要があろう．

　自然界には恒常的に低温が維持されながらも，活発な微生物活動が認められる南極や北極のような環境が存在する．そのため，もしこのような環境からバクテリアを選択的に採集・選抜し，それを利用した濾過槽を作ることができれば，これまで私たちが思いもよらなかった高い能力を持った水処理システムを構築することができるかも知れない．

生物濾過の新しい形

　現在，水族館において飼育されるようになった水族の種数は年々増加を続けている．このような近年の多様な水族の飼育の中で重要な課題の1つが，極域や深海といった極限環境に生息する生物の飼育である．その1つが名古屋港水族館で飼育されるナンキョクオキアミである．ナンキョクオキアミはその生存に−1.9〜5℃の低水温を必要とする．世界的に貴重なナンキョクオキアミの展示を成功させている名古屋港水族館

においては，この低温環境における硝化プロセスの不安定さから，一度，循環水の温度を10℃程度にまで上昇させ，その後もう一度急冷させることで対処している．この新技術によって，南極生態系にとって最も重要な海洋生物であるナンキョクオキアミの展示を可能にしている．

　また別の一例として，新江ノ島水族館の試みを紹介したい．ここでは大変ユニークな飼育システムを構築し，通常は飼育することができない熱水噴出域（海底温泉）から採集される生物の飼育に成功している．熱水噴出域に生息する生物の多くが，生存に硫化水素を必要とする．これは，硫化水素をエネルギーとした，バクテリアによる基礎生産に基づいた生態系が，海底温泉で成り立っていることに由来し，その環境を忠実に再現することが，このような環境に生息する生物を長期飼育する際に肝要である．世界ではじめて熱水生物の飼育展示に成功した新江ノ島水族館では，現場と同じく，二酸化炭素，硫化水素，低酸素の熱水を噴出させている．この技術は世界に類を見ない高度なものであり，日常生活では決して目にすることができない深海熱水生態系の一部を，水族館内に展示することを可能にし，深海生物の長期飼育による生理学的研究材料の提供や，熱水環境下での硝化反応を研究するにあたり絶好の機会を提供する．一般に硝化細菌は低濃度での硫化水素によってもその活動が阻害されてしまうことが知られている．そのためこのような硫化水素を加えた水循環システムの中でどのように生物の長期飼育に必要な硝化活性が維持されているのかについても今後関心が持たれる．また普通の砂濾過槽では決して認められない微生物マットが濾過槽を覆っていることから，このマットを形成するバクテリアの性質を明らかにすることも重要だと思われる．

　また深海は基本的に暗黒低温の世界で，海底温泉のほうがむしろまれな環境である．地球の約7割が海であり，その90％以上が深海である．この地球上でもっとも広大な環境である深海から採集された生物を展示することは，水族館で働く多くの技術者のあこがれでもある．また実際に水族館に足を運ぶ訪問者にとっても，ホルマリン漬けではない，生の生物を実際の目で観察できることは，神秘的な深海とそこに生息する生物の生きざまを肌で感じる上で絶好の機会ともいえよう．このような深海生物を飼育するための水槽の水温は実際の深海環境にあわせて4℃前

後に保たれている．そのため通常と比べ濾過システム内での硝化反応が安定するまでに時間がかかる．その対策として，新江ノ島水族館では深海生物を捕獲する際に，バクテリアの付着が期待できる岩や貝なども目的の生物と一緒に採集し，それらを水槽内に配置することにより濾過システムの安定化を早めるという工夫を行なっている．今後，科学的なアプローチによりこのようにして持ち込まれた深海由来の硝化細菌がどのように水槽環境で機能しているのかを明らかにしていく必要があろう．

より良い水質維持のために

　水族館での水族の展示にとって重要な1つの水質項目は透明度である．濁度が増加して透明度が下がると，良好な展示環境を維持できなくなる．基本的には，水中で飼育されている水族の老廃物や餌の残りかすなどが徐々に蓄積していくと，濁度は上昇する．これは水族の健康管理の面からも好ましくない．透明度の維持に有効なのは，生物濾過よりもむしろ細かい物理的フィルターである．水族館で最もよく使用される濾材は珪砂（硅砂とも書く）である．その細かさや，粒径の均一性から濾材としては最適で，透明度の維持と硝化反応などの生物濾過の両方の機能を備え持っている．他によく利用される濾材としては珊瑚砂がある．また最近では，プラスチックでできた濾材や，活性炭のように非常に小さい空隙を備えるものなどが利用されることもある．しかしこれらの濾材は物理的フィルターとしての役割を果たさない．物理的フィルターは長く使うと目詰まりするので，定期的な洗浄が必要である．

　その他の濾過装置の役割の1つは，水槽内への酸素の供給である．酸素は二酸化炭素などと比べて水に溶けにくい．そのため水中には空気中の1/30程度の酸素しか含まれていない．さらに水に溶ける酸素量は水温に影響を受けることが知られている．水族館の水槽では天然と比べきわめて高密度に水生生物を飼育する必要がある．そのためには，十分な酸素と，それが水槽内で十分にいきわたるような環境を整えることが，安定した水族の管理を考える上で肝要である．また濾過バクテリアの硝化作用は酸素を多く消費する反応でもある．濾過槽を水が通る間に溶存酸素量が減少することが報告されている．

水族館においては多種多様な水族が飼育されているが，魚種により水質に敏感な種類と，そうでない種類が存在することが経験から知られている．もちろん，水質に敏感な魚種のほうが，飼育が困難であり，長期飼育が困難な魚種も多く存在する．それらの魚種の長期飼育に最も理想的なのは，その水族が生息していた自然環境を忠実にまねることであるが，それが必ずしも展示にとって好都合なわけではない．従って，展示方法と水族の水質に対する嗜好性，水質への適応度などを合せて考慮しながら最適な展示方法を探していく必要があろう．

　現在，より良好な水質の維持のために様々な試みが行なわれている．塩素やオゾンによる水処理は有機物分解による水質浄化だけでなく，飼育水の脱色や疾病の予防などにおいても効果を発揮する．また水中に微細な気泡を送り込み汚濁物質を吸着させ取り除く泡沫分離装置であるプロテイン・スキマーは，効率良く有機物を系外に排出する面で有効である．さらに珊瑚などに代表される無脊椎動物の飼育においては，ナチュラル・システムによる水処理法が採択される．この方法では硝酸の蓄積が低く抑えられることから，硝酸による水質の劣化に対して有効な手段である．

　自然界では窒素は循環し，生物圏と大気圏を行き来するが，水槽内の窒素は一方通行的に，硝化作用の最終点である硝酸にまでアンモニアが酸化された後，反応が停止する．そのため換水が不十分な場合，あるいは水を循環して利用する場合，硝酸の蓄積が避けられない．また同時にリン酸と溶存態有機物量の増加，バクテリアの菌数増加なども伴う．硝酸はアンモニアや亜硝酸と比べ水族に対する毒性がきわめて低いとされている．しかしながら，珊瑚をはじめとする無脊椎動物の中には硝酸の蓄積を嫌うものも少なくなく，その飼育には注意を要する．一見清浄に写る水族館の飼育水でも，汚染が進んだ東京湾湾奥の20倍以上の硝酸が検出される．このため硝酸濃度はすべての水質項目の中で最も自然とかけ離れた値を示す因子となっている．

　このような背景の中で，水槽内に自然界における窒素循環システムを再現して硝酸の蓄積のない水質浄化を行い，造礁サンゴなどを飼育するシステムが普及してきた．このシステムはナチュラル・システム，あるいはリーフ・システムとよばれて様々な展示水槽に利用されるようにな

っている.

　ナチュラル・システムの基本は水槽内にライブロックとよばれる岩を積み上げてそこに微細藻類やサンゴなどの無脊椎動物を生育させる.この多孔質の石がバクテリアの付着基盤を水槽内に提供することになり,浄化機能の向上が期待できる.しかし,基本的にはモナコ式以外のシステムでは嫌気層を備えているわけではなく脱窒の人工的制御を試みていない.また透明度の維持も難しい.このような水槽の水質はきわめて不安定で,安定した状況を作るために多くの日数が必要とされる.基本的には必要最小限の魚類の飼育数に留め,特に餌やりの回数と分量を他の水槽と比べて大幅に減らすか,無投与とする.こうすれば,植物プランクトンの一次生産力が窒素量によってコントロールされている,自然の海洋環境と類似した窒素制限環境を再現することができるかも知れない.

　また,自然環境での環境浄化に大きく貢献しているとされる脱窒作用に対する期待も大きい.この反応は硝化反応と異なり,酸素がない嫌気的な環境を必要とする.また効率的な脱窒反応を維持するためには,電子供与体として水素やエタノール,有機物の添加等が必要である.少なくとも微生物バイオマスが増加したバイオフィルターは強い脱窒活性を備えていることが実験室レベルでは証明されている.また実際の水槽内でも,微小な嫌気環境は存在するものと思われ,このような環境では,電子供与体である有機物や,電子受容体となる硝酸なども,十分利用可能であるので,脱窒反応が進んでいる可能性がある.しかしこのような微小嫌気環境は,体積的に大きくないために,水槽全体の水質に影響を与えるほどの能力は備えていないように思える.したがって,飼育水槽の濾過槽のような酸素を多く含んだ水が,絶え間なく供給されるような環境では,有機物の嫌気的分解を伴う脱窒素過程による窒素除去に,大きな期待を寄せることはできない.

　ここまで,様々な角度から縁の下の力持ちである濾過バクテリアについて解説してきた.本章を通してふだん気に留めることがない水族館の裏側について想像を思い巡らせていただければ,濾過槽でがんばる濾過バクテリアも喜ぶのではないかと思う.

参考文献
鈴木克美・西源二郎　2005.　水族館学.　東海大学出版会,　神奈川,　431 pp

第 III 部
飼育への飽くなき挑戦

　海洋にすむ多様な動物の中には，いまだ水族館で飼育できない動物が少なくない．多くの水族館では，それらの中の1つでも飼育が可能になればと思いながら，技術者たちが飼育技術の向上を目指して切磋琢磨している．いずれの水族館も，他の館に無い展示生物，展示方法を常に模索し，1人でも多くの来館者の目を楽しませようと常に努力している．新しい飼育技術と展示水槽の開発は，水族館人の夢の追求にほかならない．第III部では，水族館人による新たな水生生物飼育技術開発の足跡を紹介する．第5章では，凍結による水槽の破損と光熱費を気にしながら，いかに安定した状態で南極海の低温環境を大都会の水族館で再現するか，担当者の苦労と工夫の積み重ねが結実するまでの模様が描かれている．潜熱の有効利用．これは本職の冷凍機器の技術者でも脱帽するような技術開発ではなかろうか．第6章では，栽培漁業の現場でも困難であったイセエビのフィロゾーマ幼生を安定的に水族館で飼育し，展示するまでの苦労が紹介されている．幼生が脱皮し，着底して稚エビとなる様子を水族館の展示水槽で観察する．うらやましい話である．第7章では，気温と表面水温の高い沖縄で，自家採集により冷たく暗い深海に生息する深海魚を採集・展示するまでの苦労談が披露されている．採集時の温度ショックに続いて発症する減圧症をいかに克服して展示水槽に収納するか．飼育担当者の技量が試されるところであろう．実際，国営沖縄美ら海水族館の深海生物展示水槽は，一見地味であるが，魚類学関係者が皆立ち止まる，玄人受けする水槽として知られている．第8章では，展示水槽内でサンゴを飼育し，繁殖まで至ったプロセスを紹介する．地先の海中に生息するサンゴの継続調査の結果を水槽展示へとフィードバックした産物であり，串本という地の利を生かした成果である．第III部を構成する4章は，舞台が水族館の飼育設備内，海中，洋上と様々であるが，いずれも私的な冒険小説を読むようなおもしろさを秘めている．

第5章

南極生物の飼育システムを作る —冷たさとの対決—

平野　保男

　南極大陸は厳寒の地である．氷に覆われた中心部の年平均気温は約−50℃で，冬季には−80℃にも達する．より暖かい沿岸部にある，昭和基地の年平均気温でも約−10℃で，冬季には−20℃以下になる．厳冬の南極大陸に対し，それを取り巻く南極海の海水温は約−2℃から2℃である．厳しい環境の陸上に対して南極海は"暖かく，温度差のない海"という安定した環境である．一方で，海水は−2℃以下では凍結してしまうので，ここに暮らす生き物たちは，地球上でもっとも冷たい海の生き物たちなのである．

　そこに暮らす南極の海産生物（以下，南極生物）は低水温下で生活するために，飼育を行っても活性が低く，摂餌も少なく，運動量も少なく，水質を保ちやすいと思われがちである．しかし，実際に飼育してみると，すべての南極生物に当てはまるわけではないが，活発な摂餌，運動量に驚かされるだろう．このことは通常の海産生物を飼育することと大差はなく，水質もすぐに悪化するのだ．

　また，水温についても南極生物は一般にその生息に適した水温帯が狭い，狭温性の生物である．たとえば，当館で繁殖しているナンキョクオキアミ（*Euphausia superba* Dana）においては−1.9〜5℃の範囲で生存が可能とされているが，適正な温度は0℃とされている．他の南極生物においても同様である．そのような南極生物を温帯の日本で飼育するには，やはり少々手間がかかる．我々が南極生物の飼育をはじめたころ，飼育水温0℃の安定した濾過システムなど存在しなかった．

　ここでは，1991年から現在に至る南極生物飼育設備の改良，構築につ

Constructing a rearing system for Antarctic organisms. A duel with chilling cold.

いて述べる．華やかな，水族館の生物収集や飼育，野外調査とは異なる，少し地味なお話である．

水族館の濾過システム

循環濾過

　循環濾過システムという名前から想像すると，ものすごい設備を想像されるかもしれない．しかし，ごく身近な一般家庭での水生生物の飼育は，ほぼこの濾過システムを使っている．そして，巨大な水族館の何千トンもある大きな水槽もこのシステムの拡張型といってよい．循環濾過システムは水温，水質，透明度の維持といった水生生物飼育のために欠かせないものである．

　本稿では循環濾過システムの中でも，生存に酸素を必要とする好気細菌である硝化細菌による現在主流の濾過システムを使っている．

濾過の原理

　濾過槽の主な役割は生化学的に水質を良好に保つことである．生物の排泄物，死骸，残った餌などを発生源とするアンモニアは，その飼育水に棲む生物にとって非常に有害である．濾過槽は，硝化細菌とよばれる細菌類によりアンモニアを亜硝酸，最終的に毒性の低い硝酸に変化させる機能を持つものが現在の主流で，次ぎのように変わっていく．

$$\text{アンモニア} \xrightarrow{\text{アンモニア酸化細菌}} \text{亜硝酸} \xrightarrow{\text{亜硝酸酸化細菌}} \text{硝酸}$$

　アンモニアを亜硝酸に変えるのはアンモニア酸化細菌とよばれる硝化細菌で，亜硝酸を硝酸に変えるのは亜硝酸酸化細菌とよばれる硝化細菌である．

　ここで問題になるのは，水質を良好に保っているのが細菌という生物による点である．新しくセットしたばかりの水槽で生物の調子が悪くなるのは，硝化細菌が少ないことが原因である．それでも15～25℃程度の常温なら硝化細菌の繁殖は早く1カ月もたてば十分その機能を果たすが，低温となると少々話が違ってくる．

低温と細菌

冷蔵庫でなぜ食品が腐りにくいか？　答は簡単．温度が低く保たれているからである．通常，低温下では細菌の繁殖は抑制される．濾過槽の水温を南極生物の快適な温度である0℃前後と冷蔵庫並みに下げると，どのような問題が生じるのだろうか．そう，細菌が増えないのである．

一般的に6℃以下になるとアンモニア酸化細菌による，アンモニアから亜硝酸への酸化作用が著しく低下するのでアンモニアが増加する．10℃以下では亜硝酸酸化細菌による硝酸生成機能が低下し，亜硝酸が増加する．水温の低下とともに生化学的な濾過作用も著しく低下する．

実際には0℃の環境下でも硝化細菌による生物濾過が可能なことは経験的に知られているが，濾過槽の熟成に年単位の長期間を要し，細菌の活性が低いため，大容量の濾過槽が必要となる．また，この低温下での濾過は飼育生物量の増加や投餌量の増加に硝化細菌の繁殖が追いつかないのである．

まずは飼育

南極生物の収集

南極生物の収集は，南極のサウスシェトランド諸島キングジョージ島で行われた．これには葛西臨海水族園の絶大なる協力があった．このような特殊な地域での採集は，費用面でも非常に高額になる．他にナンキョクオキアミの収集には，水産庁調査船開洋丸による南極調査，オーストラリア南極局からの譲渡と，なかなか入手が困難であった．水族館として，このような入手困難生物を簡単に死なせるわけにはいかなかった．

濾過槽が機能しない

準備も整わない1991年に，最初の南極の生物が運ばれてきてしまった．手元にある飼育設備は，普通の生き物を飼育する水量500リットルの水槽と濾過槽のセット6個それに水槽を収容するプレハブの冷蔵庫だけであった．冷却はなんと室温を下げる空冷方式，気温は冷蔵庫の能力いっぱいの−6℃であった．なんとか水温を1～2℃に保つことができた．

生物を入れるとたちまちアンモニアが発生しはじめた．対処方法は換水以外になかった．半年近く換水で対処したのだが，水質の改善はみら

れなかった．一般的な砂濾過の他に，様々な濾過方法を試みたが効果はみられなかった．

大変な換水

　名古屋港水族館では諸般の事情により，飼育に用いる海水は1000リットル当たり7000円の人工海水である．まさに，海水の一滴は血の一滴である．当初，換水後の海水は他の生物を飼育している大型の水槽に流して込んでいた．しかし，週に一度も換水するので，もったいないので再利用することを考えた．換水で出てきた1～2℃の飼育水を，冷蔵庫外の別の水槽に入れ15～20℃になるまで待つ．次にポリバケツを改造した移動可能な濾過槽をその水槽に入れる．数日でアンモニア・亜硝酸がなくなり飼育に適した水質になるので，再び冷蔵庫内の僅かなスペースを利用して設置した70リットルのポリ容器に海水を入れて冷やす．その冷やした海水で再び換水を行う．このようにして海水を再利用するのであるが，気温－6℃の冷蔵庫の中での作業は非常にハードであった．

　　　換水して冷蔵庫外に出す
　　　▼
　　　水温を上げる（季節によりヒーターも使用する）
　　　▼
　　　移動式濾過槽を入れ，水質浄化を行う
　　　▼
　　　アンモニア・亜硝酸がなくなるのを確認
　　　▼
　　　冷蔵庫内のポリダルに入れて1～2℃まで冷やす
　　　▼
　　　換水に使用する

　そして，新たな問題も発生した．冷蔵庫に戻した10～20℃の海水はいわば"湯たんぽ"の役目を果たしたのである．濾過の終わった温かい海水を冷蔵庫に戻すと気温も上昇し，飼育水温も上昇した．逆に，しばらく換水を怠ると今度は換水用水がポリ容器の中で冷えすぎて凍結してしまった．

　労力はかかるし，水質は悪いまま．何とかしなければならなかった．
　冷静にこの状況を見直すと，冷蔵庫内にある既存の飼育水槽にセット

されたろ過循環システムは，飼育水を撹拌する役目と，ろ過槽で水中のゴミを取るいわゆる水を濾す物理ろ過の役割を担っているだけであり，硝化細菌による生化学的な生物ろ過は冷蔵庫外で行っている．そして，生物ろ過された飼育水は定期的に換水されていることになる．生物ろ過の役割を果たす換水の部分を"少量"連続的に行えば，水質を良好に保つことができるのではと考えてみた．幸い，この考えを実行に移す機会は早く来ることになった．

飼育設備の改良

最初の施設は水族館開館準備期間に作られた臨時のものであった．開館を控え，新しい施設を作ることになった．今までの様々な問題を解決して，改修を含め最終的に作られたのが今回紹介するシステムである．

作製に当たり，以下の点に重点を置いた．
1．十分なろ過能力を持つこと
2．十分な冷却能力を持つこと
3．冷凍機の故障など，水温の上昇を抑制できる安全対策を施した施設であること
4．使いやすく，維持管理が容易なこと

このようにしてセットされたナンキョクオキアミの飼育水槽の飼育施設の通常状態を図1に示した．

ろ過槽

通常の閉鎖循環系のろ過槽では，飼育水を物理的に濾す物理ろ過と，細菌による生化学的に水質を維持する生物ろ過は同じろ過槽で同時に行われている．上記のように，南極水槽では温度による違いを考えた上でろ過槽の持つ機能を物理ろ過と生物ろ過に役割分担させることにした．通常1つですむものを，2つに分けたのだから少し贅沢な設備である．

物理ろ過循環系

南極生物飼育水と同じ温度で，主として飼育水の循環，水中の懸濁物の物理ろ過を行う．飼育水槽に対する循環率は，飼育対象生物によるが，1日当たり10〜20ターンと高い循環率を持つ．これは一般的な水族館の

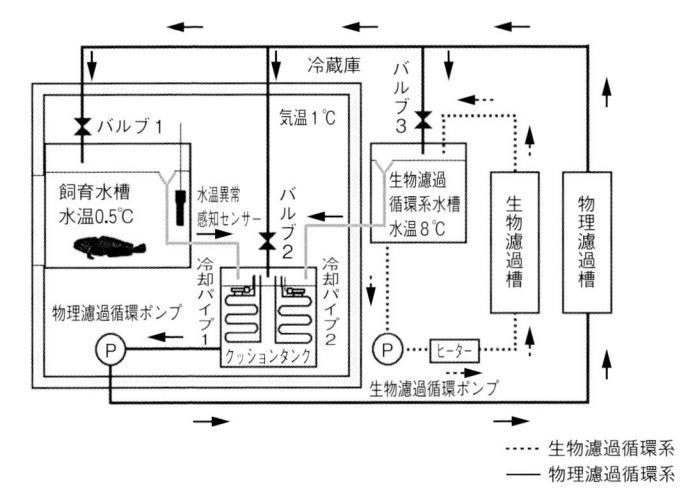

図1　南極生物飼育設備・通常状態

施設と同様といえる.

物理濾過循環経路は次のようになる（図1実線参照）
　　飼育水槽
　　▼
　　クッションタンク（冷却）
　　▼
　　物理濾過循環ポンプ
　　▼
　　物理濾過槽　→バルブ3　生物濾過循環水槽
　　▼
　　バルブ1
　　▼
　　飼育水槽

　ここで意外だったのは，物理濾過槽内では生物の糞や残餌などが，低温のためになかなか分解しないことである．このため物理濾過槽内は小型の甲殻類，原生動物，線虫，ミズカビ，汚れなどの温床となる．これらは，南極生物に有害であることが多いにも関わらず，低温下でも爆発的に増える．それらの弊害を少なくするために物理濾過槽は濾材の洗浄である逆洗を頻繁にする必要があった．

南極水槽は後述の生物濾過循環系が独立して存在する．そのためにこの濾過槽は，逆洗水の海水・淡水，水温を問わず頻繁に逆洗を行ってもろ過バクテリアの消滅を危惧する必要がないので水質に影響はない．

生物濾過循環系

生物濾過循環系は，硝化細菌の繁殖に都合のよいように水温を10℃に保ち生化学的な濾過が効率的に行われるようにした濾過循環系である．この濾過槽は南極生物の飼育のためなのだが，水温を上げるためにヒーターを使用している．生物濾過槽はそれ自体が単独で稼働できる循環系を持ち，生物濾過が十分働くようにしてある．この循環系で10℃を適温とする生物を飼育することも可能である．飼育水槽に対する循環率は，飼育対象生物によるが1～2ターン/日程度である．飼育水槽に対する循環率は低いが，十分にその機能を果たしている．また，この循環系に流入する飼育水は一度物理濾過されたものであり，大型のゴミの分解は必要としないので濾過槽としての負担は少なく，濾材の洗浄もほとんど必要がない．

生物濾過循環経路は次のようになる（図1点線部）
　　生物濾過循環水槽
　　　▼
　　生物濾過循環ポンプ
　　　▼
　　ヒーター
　　　▼
　　生物濾過槽
　　　▼
　　生物濾過循環水槽　→　クッションタンク(冷却)物理濾過循環水槽

当初は硝化細菌の働きを効果的にするために水温は10℃であったが，現在は8℃でも十分濾過バクテリアが働くことが判明しているので，少しでも冷凍機の負担を少なくするために，この温度にしている．

冷却方法

当初は室温による空冷方式の冷却方法であったが，水温の高い生物濾過循環系を飼育水系に組み込んだために，海水を冷やす冷凍機の導入は必要不可欠になった．

南極生物の飼育はここでも問題が生じた．通常の海水が凍る温度は約－2℃である．そして，水温を約0℃に保つためにはそれなりの対応が必要となる．このような施設の場合にもっとも一般的に使われているのが，ブラインチラー方式である．しかしこの方法は，複雑な構造を持つために非常に高価であり，設置場所を多くとるのが難点である．当館では採用しなかった．

　次によく用いられるのは冷凍機の冷却パイプを循環系に組み込み，直接飼育水を冷やす直膨式とよばれる方法である．冷却パイプは，海水に腐食されないチタン製のコイル状の金属である．これは構造も簡単で安価である．当館ではこの方法を導入したが，このような低い水温の設備に用いる場合，冷却パイプ自体が－15℃にもなり，飼育水と接する部分が凍結する欠点がある．冷凍機は冷媒（フロン系冷媒が主流）を圧縮液化し，気化するときに生じる気化熱が熱を奪い冷却する．この圧縮機が運転を開始するときに，圧縮機そのものに大きな負担がかかる．温度設定を厳格化すると，わずかな温度差で圧縮機を運転停止することとなる．この頻繁な発停は圧縮機に非常に大きな負担を与え故障の原因となる．このため，直膨型の冷凍機のセンサーには冷凍機の発停に一定の温度差がとってあり，なるべく発停を少なくしている．そのため，冷凍機の運転中に設定温度±1℃ほどの温度差が生じる．

　南極海の水温は－2〜2℃とある程度の幅を持っている．しかし，日に何度も2℃近い水温差が生じるのは生物にとって決してよいことではない．

　また，冷凍機の冷却パイプの着氷は，本来避けたいところである．冷却パイプを組み込んだ密閉型の熱交換器では海水の凍結による膨張で機器の破損の危険があるし，開放型の熱交換器では冷却パイプの着氷が断熱材の役目を果たし，水温が下がらなくなる危険性がある．しかし，氷は融けるときに多くの熱を吸収する"潜熱"という性質を持っている．一般的には問題になる冷却パイプの着氷，これを"潜熱"という武器で逆手にとることを考えてみた．凍るなら，凍らせてしまえばいい．

　温度センサーの位置を工夫し，冷却パイプに意図的に氷を着けさせた．そして，冷却パイプに絶えず水流を当てて，その氷を今度は速やかに冷却パイプから剥離させた．これにより飼育水はつねに熱を奪われること

になる．この繰り返しにより温度を一定に保つことに成功した．
　その行程を図2に示した．
　図2のように熱交換器である冷却パイプと冷凍機発停のセンサーとの間にスペーサーを入れて取り付けた．
　0℃近い設定温度，冷凍機の運転が始まると次第に冷却パイプに着氷が始まる．着氷が多くなりスペーサーの厚さを越え温度センサーに達すると設定温度に達し，冷凍機の運転が停止する．
　冷却パイプの周りの着氷は水流により速やかに剥離するようにする．着氷は徐々に融けはじめその潜熱で水温を低く保つ．
　氷が全て融けてセンサーの温度が上昇し，冷凍機のスイッチが入る．
　センサーは潜熱でなるべく長時間低水温を保てるよう，一定以上に着

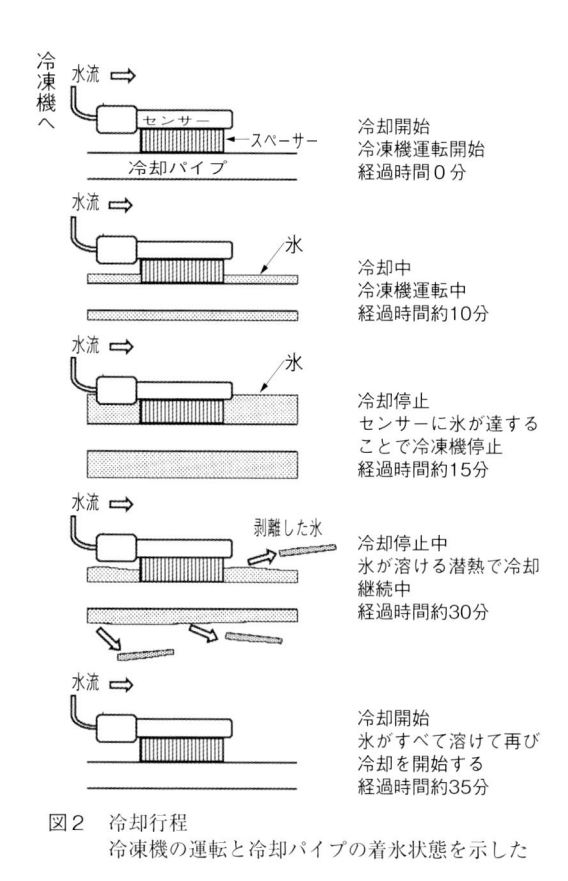

冷却開始
冷凍機運転開始
経過時間0分

冷却中
冷凍機運転中
経過時間約10分

冷却停止
センサーに氷が達することで冷凍機停止
経過時間約15分

冷却停止中
氷が溶ける潜熱で冷却継続中
経過時間約30分

冷却開始
氷がすべて溶けて再び冷却を開始する
経過時間約35分

図2　冷却行程
　　冷凍機の運転と冷却パイプの着氷状態を示した

氷が付くような位置に取り付ける．センサーの位置は水槽の構造，冷凍機の大きさ，水流の強弱によってもっとも適切な位置を決定する．

なお，この冷凍機を発停させるセンサーの設定温度は，氷がセンサーに到達したときの水温にしてあるため，実際の飼育温度より低くなる．

このシステムでは，冷却パイプに過剰の氷が付くまで冷凍機が運転され，今度は氷が溶けきるまで冷凍機は運転されない．このため圧縮機の運転間隔は長くなり，発停回数は減り，冷凍機の負担を軽くすることができた．

この潜熱を利用したシステムにより，水温差は±0.1℃程度に抑えられた．つまり，水温を一定にできたのである．

冷却パイプは生物を飼育する水槽とは別にし，生物濾過循環系から流れ込む暖かい海水と物理濾過循環系が混合される水槽に設置する．この方式は，後述のようにトラブル後の復旧や濾過槽の逆洗時に，南極生物に影響なく飼育水を冷やすのに有効である．

この施設では，水温−1〜5℃で稼働できる実績があり，南極生物よりいくらか高い水温の生物飼育にも有効である．

冷凍機は故障などを想定し2台で交互運転を行っている．物理濾過槽の逆洗後など，より冷却能力の必要なときは2台とも運転する．

安全対策，事故では死なせない

南極生物のような冷水系の生き物は低温を保たなければならない．冷凍機の故障は致命的である．とくに，当飼育設備のように生物濾過循環系から"8℃"という高水温の飼育水の流入は冷凍機の不調の際は，即飼育水温上昇という危険がある．そのため，この循環系には，図3に示したように安全装置が設けられている．冷凍機の故障等で水温が上昇した場合，水温異常感知センサーが作動し，それによって制御されている生物濾過循環系への"バルブ3"が閉じられる．同時に飼育水槽への"バルブ1"も閉じられる．この動作が行われるのは設定の飼育水温プラス1℃ほどである．飼育水槽は冷蔵庫内にあるため，水温の上昇は避けられる．また，この装置は，水族館の施設の監視室でも感知でき，故障を飼育係に知らせることができる．

このシステムは，小型の冷凍機を使用しているので冷凍機の運転の電力も少なくて済み，停電時の自家発電システムでも問題なく運用できる．

······ 生物濾過循環系
―― 物理濾過循環系

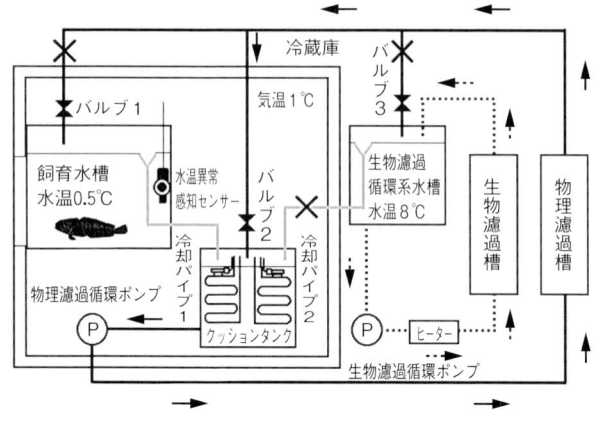

図3 南極生物飼育設備・水温異常発生時

事故で水温上昇した場合の循環経路は次のようになる(図3)
　クッションタンク(冷却)
　▼
　物理濾過循環ポンプ
　▼
　物理濾過槽
　▼
　バルブ2
　▼
　クッションタンク

　南極生物の飼育施設は冷蔵庫内にあるが，気温は1℃とした．温度が高くなると，様々な設備が結露し，ときには有害な物質を溶かし込み水槽内に落下する．また，海水を冷やす冷凍機の長時間に渡る故障時の対応を考えると1℃という気温は妥当と判断した．冷蔵庫の断熱は保冷のため一般の基準より少々強化するのが望ましい．また外部に施設の一部を設置する場合は断熱を強化することが必須である．
　展示面のガラスの結露防止は二重ガラスに乾燥空気を循環する方法が一般的である．
　設備の故障に起因する生物の死亡は，現在まで起こっていない．

維持管理，設備は使いやすいか

　通常の生物濾過が機能しても，アンモニアの最終生成物である硝酸はどうしても蓄積していく．このために換水が必要なのだが，当初のシステムに比較すると非常に簡便に行うことができるようになった．水温が8℃の生物濾過循環系の飼育水を用いて換水を行えば，飼育水温である0.5℃よりはるかに高い水温の海水で換水が行える．

　水温差は，硝化細菌の繁殖の重要な要素である．極端な温度差はその温度に適した硝化細菌を死滅させることとなる．8℃の生物濾過槽で繁殖している硝化細菌は経験的には20℃程度までの水温には耐えられる．過去に，飼育になれてきたころに大丈夫だろうと25℃の換水用水で換水を行った．すると硝化細菌の激減が起こったとみられ，アンモニアが上昇し水質が悪化した．換水のミスである．油断は禁物である．

　当初は物理濾過槽も生物濾過槽も冷蔵庫内にあったのだが，断熱を強固に行った上で，冷蔵戸外に設置した．これは，逆洗に淡水を用いる当館では逆洗水が配管内に残った場合，凍結のおそれがあるためだ．寒くて，狭くて，暗い冷蔵庫内での作業では，人もミスを犯しがちである．人為的ミスを少なくするためにも，飼育施設は少しでも使い勝手をよくするべきである．

　この施設で使われている個々の仕様の多くは，既存技術である．様々な形でそれらを組み合わせたものである．既存技術は，それぞれがすでに完成に近いものなので，使用に際しては問題が少ない利点がある．はじめにも述べた通り，0℃の閉鎖循環濾過システムのお手本はなかったので，使いやすいように既存技術を組み合わせて改良を続けたのである．

終わりに

　この施設で飼育されている南極生物は，水質悪化を気にせずにたっぷりと餌を食べられる環境にいるので，きわめて良好な状態であるといってよい．当館は日本動物園水族館協会の繁殖賞をハルパギファ・アンタクティクス，ダルマノト，ナンキョクイボナシイソギンチャク，ナンキョクオキアミで受賞している．このほかにも，多くの生物の繁殖が確認されている．

ナンキョクオキアミは当館では4世代まで繁殖している．（図4）昼間と夜の時間の季節変化や餌など繁殖に関わる要因が判明しつつある．最大の要因は餌料であると考えている．従来，餌を食べなくても7カ月も生きるといわれたナンキョクオキアミは，実は大変な大食らいであったのだ．

　ナンキョクオキアミは南極海の生態系の主要な餌生物で，その変動が南極生態系全体を左右する"鍵種"である．にも関わらず，まだ謎の部分が多いのは飼育実験が困難であったからである．水族館の飼育技術は高く，今後は研究機関との連携で大きな役割を持つものと考えられる．当館の南極生物飼育システムはオーストラリア南極局のナンキョクオキアミ飼育施設にも取り入れられている．

図4　ナンキョクオキアミ

図5　ダルマノトの子供

一見，ハゼの親玉のようなダルマハゼの子供は"ブルー・フェイズ"とよばれる蒼く輝く宝石のような時期を経る．繁殖が可能なような，良好な飼育設備なしにこのような知られざる南極生物の一端をうかがい知ることはできなかったであろう．（図5）

　飼育担当者は生物だけをみていればいいというものではない．飼育設備に対する知識もある程度は必要である．自分の使っている施設をよく理解して，改良をしていくことは非常に重要である．よい飼育設備は，飼育係の負担を軽くし，施設の維持管理に費やしていた時間を生物の観察などに振り向けることを可能にする．

参考文献

Adey, W. H. and Loveland, K. 1991. Dynamic Aquaria-Building Living Ecosystems. Academic Press. 643 pp.

Graham, M. and Wong, K. 1992. Captive care of and research on Arctic fish and invertebrates. International Zoo Year Book, 31, 111-115.

Hirano,Y., Matsuda, T. and Watanabe, K. 1997. Improvement of a closed circulating system for the keeping of antarctic marine animals. Proc. 4th Int. Aquarium Congress Tokyo, 133-137.

空気調和・衛生工学会 2006．空気調和・衛生工学会便覧　第13版　第3巻　空気調和設備設計篇．空気調和・衛生工学会，東京，482 pp.

Srna, R. F. and Baggaley, A. 1975. Kinetic response of perturbed marine nitrification systems. J. Water Pollut. Control Fed., 47, 472-486.

矢田貞美（編）2004．養殖・蓄養システムと水管理．恒星社厚生閣，東京，241 pp.

第6章

飼育への挑戦，イセエビ幼生を飼育展示する

堀田　拓史

　私が鳥羽水族館に入社したのは，今から24年前の1983年だ．その頃の水族館では，ようやくマイワシの群泳を飼育展示できるようになり好評を得ていた時期だ．鰯（イワシ）は字のごとく大変弱い魚類で，その輸送や飼育も難しかった．しかしながら，当時最も難しいといわれていたのがイセエビ幼生の人工育成で，もし幼生から稚エビまでの完全育成ができればノーベル賞ものだといわれていたほどであった．

　イセエビ幼生は親エビと全く異なる形をしており，約一年間もの長期におよぶ浮遊生活をおくる．私はこの奇妙な形をしたイセエビ幼生に非常に興味があった．そこで，入社後まもない私は早速イセエビ幼生の飼育に挑戦してみたのだ．しかし，その結果は惨々であった．1回の脱皮も成長もせずに死んで行くのである．沖合の黒潮域で生活する幼生には水質の良い海水が必要なのかも知れないと考えた私は，当時1トン造るのに1万円ほどかかる人工海水を自腹で作り（入社したばかりで，とても上司にはきりだせなかった）飼育実験を試してみた．それでも結果は同じであった．その5年後の1988年になって大ニュースが流れた．三重県水産技術センター（現在の三重県科学技術振興センター水産研究部）がイセエビ幼生の人工育成に成功し，世界ではじめて稚エビにまで成長させることができたというのだ．私は驚いてそのニュースに聞き入ったが，内心は案外早く成功したものだなぁ……と少し残念に思ったのを覚えている．

　その後，私は別の浮遊生物であるクラゲ類の飼育展示を手掛けるようになり，1994年にクラゲ類の展示室を作った．当時はクラゲ類の飼育展

A challenge toward rearing. Exhibiting spiny lobster larvae.

示も大変難しく，鳥羽水族館でもようやく長期の飼育展示をすることができるようになったのだ．いつのまにかイセエビ幼生飼育のことは頭の隅に隠れようとしていた．ところが，2003年になって三重県科学技術振興センター水産研究部の松田さんから1本の電話が入ったのである．「人工育成したイセエビを引き取って展示してもらえないか？」というのだ．もちろん私は喜んで引き取りに伺うことにした．そのとき，生まれたばかりの幼生の人工飼育にも一度挑戦してみてはどうかと勧められ，こうして入社から20年後に再びイセエビ幼生の飼育展示に挑戦するチャンスが訪れた．

イセエビ完全育成のビッグニュースが流れてから18年経った2006年現在でも，1年間に稚エビまで育てることができるのは多くても297個体である．それが最高記録なのだ．したがって，現在でもイセエビ幼生の人工育成は非常に難しい飼育課題であるといえる．それゆえに一般にはほとんど公開されることのないイセエビ幼生を一年中飼育展示することは，私の入社以来からの夢の1つであった．現在のところ，イセエビ類の幼生を常設展示しているのは世界中で鳥羽水族館だけだそうだ．

ここでは，鳥羽水族館におけるイセエビ幼生の人工育成について，幼生飼育研究の歴史や苦労話を交えながら紹介する．

イセエビ幼生とは

海洋にすむ無脊椎動物のほとんどが，成体からは想像もできないような形の幼生期をもっている．エビ類ではイセエビ類のフィロゾーマ幼生（図1A），サクラエビのエラフォカリス幼生（図1B），シャコの幼生であるアリマ幼生（図1C-E），クルマエビ類のノウプリウス幼生（図1F），ゾエア幼生（図1G）などがある．

イセエビ類の場合は，卵から孵化すると，フィロゾーマ（phyllosoma）とよばれる幼生になる．フィロゾーマ幼生は体が透明で扁平し，円盤状の頭甲部の後ろに胸部，さらにその後方に腹部が続く，まるでクモをぺしゃんと押しつぶしたような形だ．雪の結晶のようだという人もいる．昔の研究者は，この生物がイセエビ類の幼生であるとは考えもつかず，phyllo-（葉のような），soma（体）を持つ生物という意味の学名を付け，

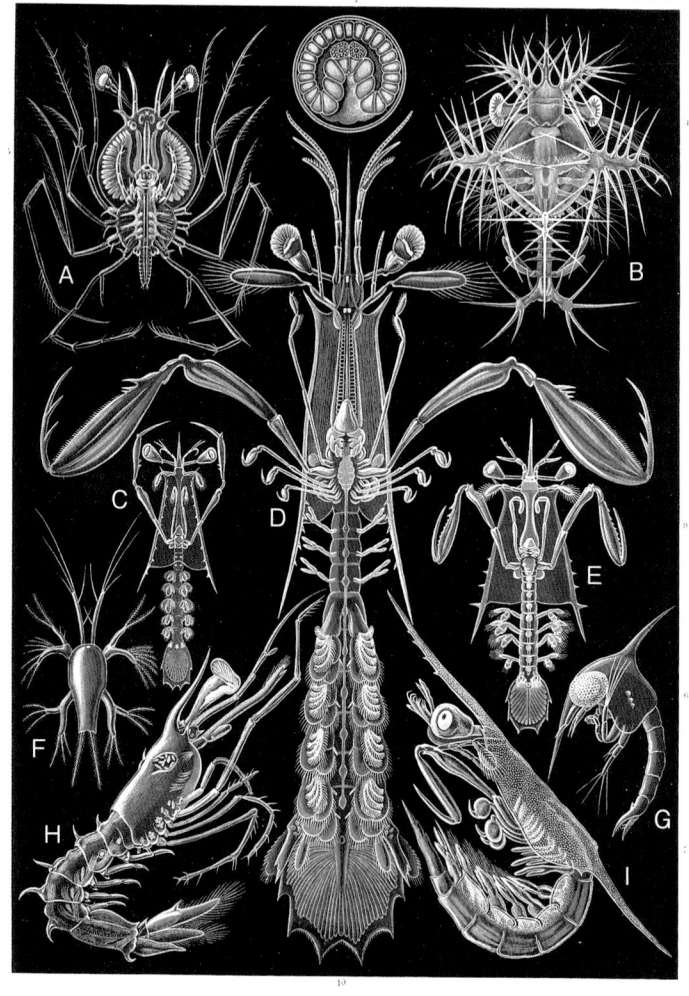

Thoracostraca. — Panzerkrebse.

図1 エビ類の幼生期(Heackel 1904より複製・改変).
A:イセエビ類のフィロゾーマ(phyllosoma)幼生,B:サクラエビ類のエラフォカリス(Elaphocaris)幼生,C-E:シャコのアリマ(alima)幼生,F:クルマエビ類のノウプリウス(nauplius)幼生,G:ゾエア(zoea)幼生,H:サクラエビ類のマスチゴプス(mastigopus)幼生,I:フトユビシャコ類のゴネリクトゥス(gonerichthus)幼生.

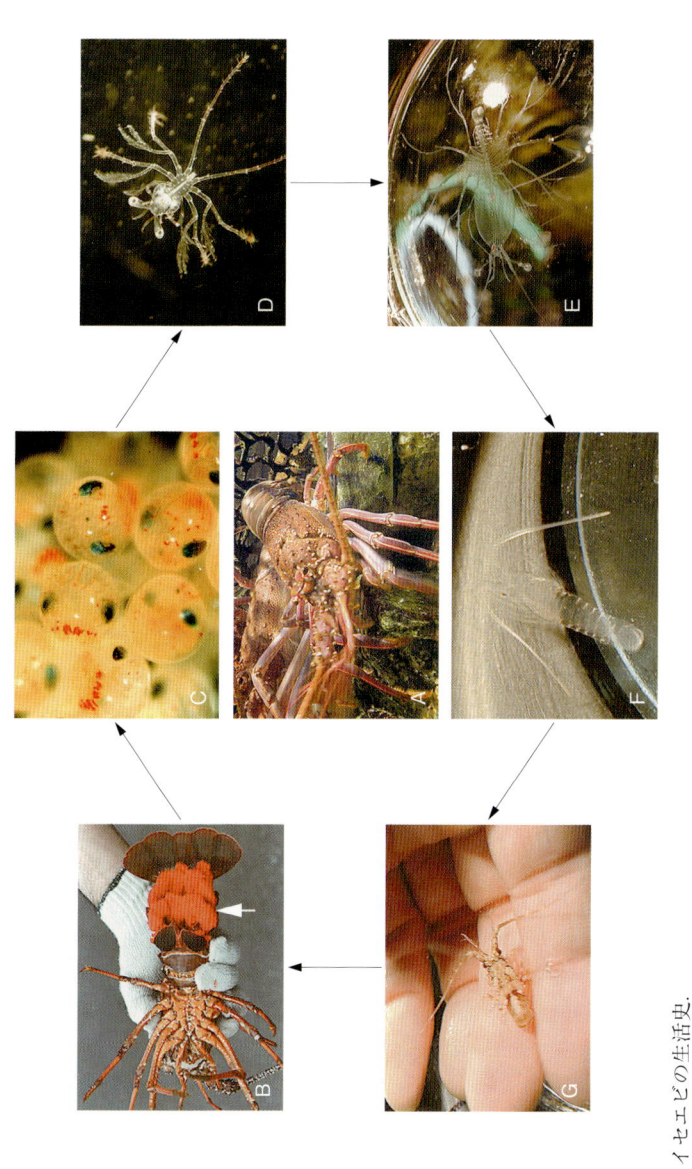

図2 イセエビの生活史.
A：イセエビ成体，B：抱卵した親エビ（矢印は卵塊を示す），C：孵化直前の卵（黒い部分は眼で，孵化が近いことを示す），D：孵化直後のフィロソーマ幼生，E：最終期フィロソーマ幼生，F：プエルルス幼生，G：稚エビ．（B，Cは三重県科学技術振興センター水産研究部 松田浩一氏提供）

第6章 飼育への挑戦，イセエビ幼生を飼育展示する —— 87

イセエビとは別種類の生物として扱っていたことがある．フィロゾーマ幼生はやがて，成体に似るが小さくて透明のプエルルス（puerulus）幼生を経て稚エビとなる．

イセエビとその生活史

　日本人にとってイセエビはよく知られている生物だ．各地にはそれぞれ特有の呼び名があり，三重県伊勢志摩地方で漁獲されるものをイセエビ，神奈川県鎌倉地方で漁獲されるものはカマクラエビとよばれている．愛知県ではグソクエビ，和歌山県ではイソエビともよぶ．いずれもイセエビと同じ種類だ．威勢の良いエビなので縁起を担いで，伊勢志摩地方では正月の鏡餅の上にイセエビを飾る習慣がある．

　イセエビ（図2A）は日本と台湾北部，そして韓国済州島南部のみに生息する．日本における分布は，鹿児島県奄美大島以北から千葉県までの太平洋沿岸と長崎県以南の東シナ海に限られる．日本海沿岸ではほとんどみられない．

　産卵は4月から9月に行われ，1回の産卵数は約55万粒で，1シーズンに2回産卵し，それぞれを一番仔，二番仔とよぶ（図2B，C）．産卵から約1カ月で孵化が起こり，孵化直後のフィロゾーマ幼生の体長（頭甲部の先端から腹部の先端まで）は1.5mmだ（図2D）．沿岸海域で底生生活をする親エビとは異なり，フィロゾーマ幼生は孵化後一年近くも海中を漂って生活するプランクトンだ．不思議なのは，日本沿岸に生息する親エビから生まれ出た幼生が1年近くも海流に乗って漂流生活したあとに，ちゃんと日本沿岸付近まで戻って資源として回帰することだ．もし私が体に浮き輪を付けて1年間も漂流すると，黒潮に流されてアメリカの西海岸辺りに流れ着くのではないかと思う．イセエビ幼生が再び日本沿岸に回帰するメカニズムはまだよくわかっていない．黒潮には日本沿岸に戻る反流があり，幼生はこれらの反流に乗って戻って来るという説が有力だ．

　フィロゾーマ幼生は潮流に漂って生活し，30回近く脱皮を繰り返しながら成長して体長30mmほどの最終期フィロゾーマ幼生（図2E）になる．その後プエルルス幼生（別名ガラスエビ，図2F）へと変態する．

変態とは，たとえばカブトムシが幼虫，サナギ，成虫と形態を変えるように，体の特徴や構造または生態が変化することをいう．プエルルス幼生は，沖合から沿岸を目指して積極的に泳ぐようになり，沿岸に辿り着くと，岩陰に隠れて稚エビになるときを待つ．そして，約2週間後には稚エビ（図2G）となる．

その期間中，プエルルス幼生は何も食べず，フィロゾーマ幼生時代に貯えたエネルギーだけで稚エビへと脱皮する．プエルルス幼生が日本沿岸に戻ってくる盛期は7月から9月だ．

卵より孵化してから稚エビになるまでには，平均300日ほどもかかる．しかし，稚エビになってからは比較的成長が速く，2年ほどで産卵に参加するようになる．

幼生の人工育成研究の歴史

イセエビ幼生の人工育成研究は古くから行われてきた．まず，1898年に服部・大石が最初の孵化実験を行ったが，この時は幼生を脱皮・成長させることはできなかった．その後，1957年になって，野中らが幼生にアルテミアを餌として与えてはじめて脱皮・成長させることに成功した．1972年には神奈川県水産試験場の井上が最終期のフィロゾーマ幼生と考えられる体長29.64mmにまで飼育し，そしてついに1988年5月，三重県水産技術センター（現在の三重県科学技術振興センター水産研究部）の山川らが世界ではじめて稚エビにまで育成して，あのビッグニュースとなったのだ．その2カ月後の7月には，北里大学の橘高・木村が同じく稚エビの育成に成功した．このように書くとごく簡単なことのように感じられるが，実は1898年に行われた最初の孵化実験から幼生をはじめて脱皮・成長させるまでに59年の年月がすぎ，最終期のフィロゾーマ幼生にまで育成するのに74年，さらに三重県水産技術センターと北里大学が世界ではじめて稚エビまで育成するには，なんと90年の歳月が必要であった．

その後，独立行政法人水産総合研究センター南伊豆栽培漁業センターで1994年に54個体の稚エビを，2002年には78個体の稚エビを生産するようになった．そして，三重県科学技術振興センター水産研究部では2003

年，2004年連続で297個体の稚エビを生産した．これがイセエビを人工的に作り出した最多記録だ．最初の孵化実験から108年経った2006年現在でも稚エビに育て上げることができるのは，最高でも1年に297個体に留まっている．

このようにイセエビ幼生の人工育成は飼育技術が進歩したとはいえ，現在でもかなり難しい技術といえる．それゆえに，水族館で幼生を通年展示するには苦労が判る．

幼生の飼育法

世界ではじめてフィロゾーマ幼生から稚エビまでの完全育成に成功した三重県水産技術センターでは，どのように幼生を飼育していたのかと

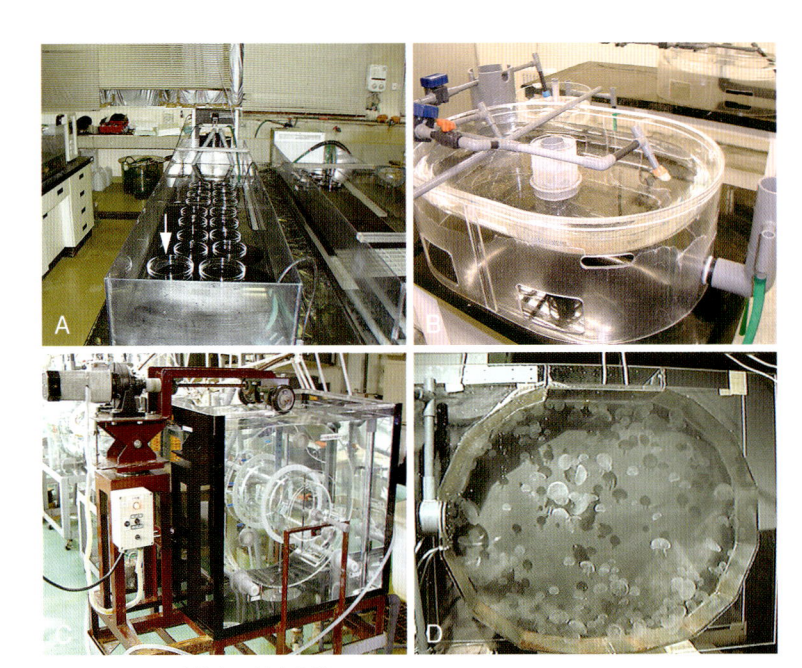

図3　イセエビ幼生の飼育水槽．
　　A：ガラスボールを用いた止水飼育水槽（矢印はガラスボールを示す），
　　B：皿型水槽，C：回転型飼育装置，D：鳥羽水族館型クライゼルタンク
　　（中に入っているのはミズクラゲ）．(A, Bは三重県科学技術振興センター水産研究部　松田浩一氏提供．Cは独立行政法人水産総合研究センター南伊豆栽培漁業センター　村上恵祐氏提供)

いうと，容量120〜1200ccのガラスボールを用いた止水飼育であった（図3A）．幼生はガラスボールに収容され，餌料としてムラサキイガイの生殖腺とアルテミアを与えられていた．フィロゾーマ幼生がプエルルス幼生になるまでの300日以上，毎日の給餌と換水が必要であった．換水するには，何百といる幼生をガラス製のスポイトやオタマで1つひとつ傷付けぬよう丹念にすくい上げて移動せねばならない．ちょっと考えただけでも気の遠くなるような作業だ．また，細菌の増加が引き起こす疾病予防の為に，週1回の抗生剤による薬浴が行われた．

　現在ではガラスボールを大型にしたような皿型の水槽が使用され，換水も自動的に行われるようになっている（図3B）．しかし，水槽が汚れると幼生に悪影響を与えるので週1〜2回の水槽交換が行われている．水槽交換にはやはり前述したのと同じ方法で幼生を移動しており，この作業に相当の手間が掛かるらしい．

　独立行政法人南伊豆栽培漁業センターでは，ちょっと変わった水槽が使用されている．円筒型の水槽の中心に軸を取り付け，駆動装置で水槽自体を回転させ，フィロゾーマ幼生を浮遊させた状態で飼育する回転型水槽だ（図3C）．しかし，ここでも週1〜2回の幼生の移動を伴う水槽交換と抗生剤による薬浴が行われている．

　これらの研究機関では高価な中空糸による濾過設備や紫外線殺菌装置を使用している．水族館ではあまり高価な設備も導入できないし，またこれらの水槽では収容された幼生が見えにくく，水族館での展示には適していないように思えた．

　そこで鳥羽水族館では，クラゲ飼育に実績のある水槽を用いた（図3D）．この水槽はクライゼルタンクとよばれ，その原型はW. M. Hamnerによって開発されたものだが，それを改良したものを使用している．この水槽は，クラゲなどのプランクトン生活をおくる生物の飼育に適しているばかりでなく，水量の割に前・後部のガラス面積が大きく，展示にも適している．フィロゾーマ幼生もクラゲと同じ浮遊生物なので，このクライゼルタンクでうまく浮遊させて飼育することができるのではないかと考えた．浮遊生物の飼育は私の得意な分野だ．水槽はこれでよい．でも水槽交換をどうするか．何百個体もいる幼生を1つひとつすくい上げて移動する時間があるのだろうか？

2004年7月15日，生まれたばかりのフィロゾーマ幼生（図4A）600個体をこの水槽に収容していよいよ飼育試験をはじめた．幼生達は水槽の中でうまく浮遊していた．餌料としては，他の研究機関と同じムラサキイガイの生殖腺とアルテミアを使用した．アルテミアは孵化直後の幼生からはじめ，フィロゾーマの成長に合わせて体長10mmぐらいのものを与えた．省力化のために手間のかかる幼生の移動と水槽交換は行わず，その代わりに水槽の底面と側面をアクリル板でこすって掃除することにした．また，高価な殺菌設備は使用せず，薬浴の回数を増やして対処した．

　鳥羽水族館でのイセエビ幼生飼育の作業内容は次のようなものだ．

　朝一番で，サイホンを使って残餌の回収をする．次いでハブラシとアクリル板で水槽を丹念に掃除する．その後もう一度，サイホンで底面の掃除を行った．水槽交換を行わない分，掃除をまめに行った．水槽が綺麗になってから，細かく切ったムラサキイガイの生殖腺とアルテミアを給餌した．そして，夕方にサイホンで残餌を吸い取って，1日の作業は終了である．はじめは，餌をどれくらい食べるのかもよく分からず，1日に何回も観察して健康状態を確かめた．抗生剤による薬浴は，他の研究期間が1週間に一度行うのに対して，3日に一度行った．観察していると，どうも薬浴から3日後に幼生の動きが悪くなるようにみえるのである．かなり省力化したとはいえ，慣れるまでには毎日半日ぐらいの時間が必要であったし，うまく育つかどうか不安で飼育開始から2カ月は休日も返上して作業を行った．しかしながら，当初の不安とは裏腹に幼生は順調に成長し，ついに2005年5月，最終期フィロゾーマ幼生にまで成長した．

　体長30mmほどに成長したフィロゾーマ幼生の胸脚基部には，将来鰓となる小さな瘤（鰓原基）がみられるようになる（図4B）．この瘤が観察されるようになると，あと1～2回の脱皮でプエルルス幼生となる．プエルルス幼生へ変態する1日前には中腸腺の収縮がみられ触角と胸脚の白濁が観察される．こうなると変態が近いと思ってよい．変態当日には，さらに触角と胸脚の白濁が進み，変態直前には，フィロゾーマ幼生の動きが止まる．そして，飼育開始から310日目の2005年5月21日，待望の最終期フィロゾーマ幼生からプエルルス幼生への変態がはじまった．

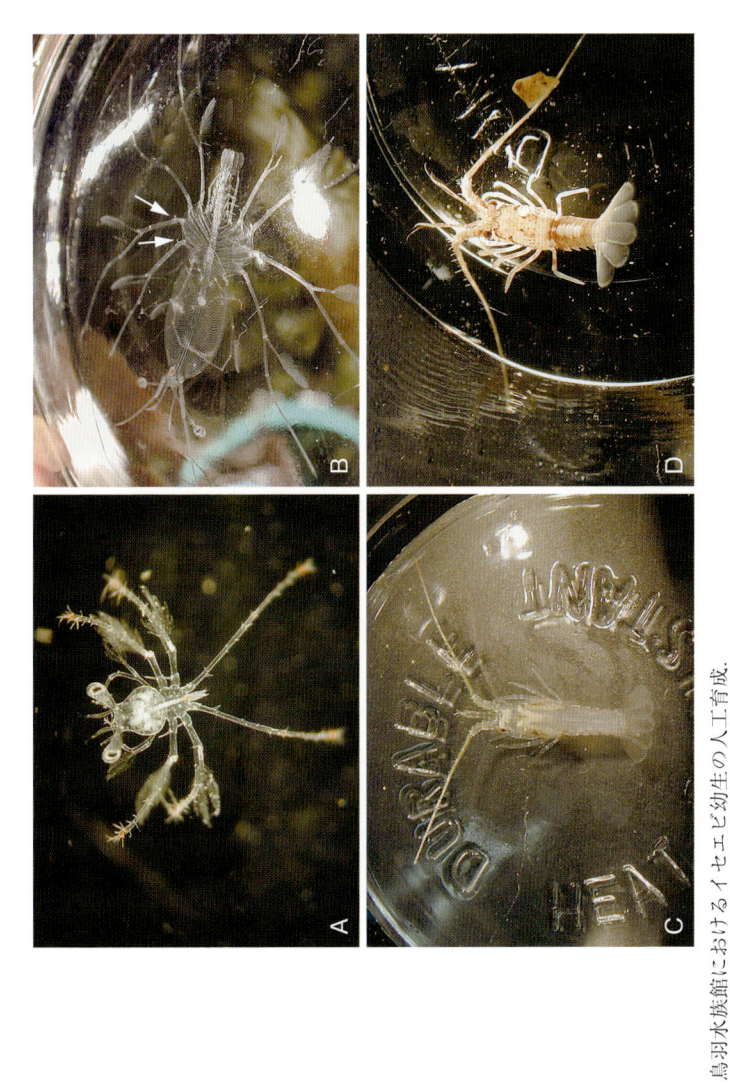

図4 鳥羽水族館におけるイセエビ幼生の人工育成.
A：孵化直後のフィロゾーマ幼生（体長1.5mm）, B：最終期フィロゾーマ幼生（体長30mm, 矢印は鰓原基を示す）, C：プエルルス幼生（体長2cm）, D：稚エビ（孵化310日後, 体長2cm）.

第6章 飼育への挑戦, イセエビ幼生を飼育展示する —— 93

変態は通常では消灯前後に行われるので，あまり刺激を与えないように特に何もせず翌朝を待つことにした．しかし……．

　翌朝，プエルルス幼生は瀕死の状態であった．取り上げて観察すると，胸脚はちぎれかけてブラ下がっている．元気がなく，横転し，かなり体に損傷を受けている感があった．やはり栄養不足で脱皮がうまくゆかなかったのだろうか……と思っていたが，次々と変態するにもかかわらず皆よく似た症状で死んでゆくのだ．これは何か他の原因があるのではないかと考え，変態行動を観察することにした．運良く観察個体は消灯前に変態を開始し，変態の瞬間をビデオ撮影することができた．その過程を図5に示した．

　変態の過程を驚きの眼差しでみつめ，観察していたところ，目の前でプエルルス幼生は元気にフィロゾーマ幼生の古い殻から飛び出してきた．歓喜の瞬間であった．体の扁平なフィロゾーマ幼生が，どのようにエビ型のプエルルス幼生になるのか不思議でならなかったが，実際その瞬間を観察することができたのだ．変態直後のプエルルス幼生はまだ頭胸甲が平たい（図5F，G）．しかし，しばらくすると頭胸甲は収縮して丸くなりエビ型の体となる．プエルルス幼生（図4C）は体長20mmほどで，体長が30mmあったフィロゾーマ幼生より縮んでしまうところがおもしろい．しかしこの後，プエルルス幼生は変態から5分も経たぬ内にほかのフィロゾーマ幼生に刺し殺されてしまったのだ．

　プエルルス幼生の体に付けられた傷の原因は，フィロゾーマ幼生によるものだった．変態直後は体が軟らかいので簡単に傷付くようだ．そこで変態間近の個体を，変態の1～2日前に，フィロゾーマ幼生のいない別水槽に移すようにすると高い確率でプエルルス幼生が生き残るようになった．そしてついに2005年6月23日，はじめてプエルルス幼生から稚エビにへと変態した（図4D）．

　ところで前述したように，プエルルス幼生は稚エビに変態するまでの約2週間は餌を食べない．フィロゾーマ幼生時代に貯えたエネルギーだけを頼りに稚エビとなる．そのためにフィロゾーマ幼生時代の栄養状態が悪ければ変態に失敗することがある．孵化後300日を超えるフィロゾーマ幼生の人工育成へのコツコツとした努力がここに結晶するのだ．

　2004年度，鳥羽水族館では600個体のフィロゾーマ幼生からプエル

ス幼生に変態したのは14個体，そのうち稚エビになったのはたったの5個体だけであった．それでもミニチュアのような稚エビは見ていても飽きないほどかわいかった．稚エビは細菌類への耐性も付き，薬浴をしなくともアサリやオキアミを食べて成長していった．

　孵化直後の幼生を提供して戴いた三重県科学技術振興センター水産研究部の松田さんに報告すると「よくできましたね！」と少し驚いておられる様子だった．

人工育成の問題点

　問題の1つは平均300日という幼生期間の長さにある．私は幼生期間のこんなに長い海洋生物はウナギ幼生を除いて他に知らない．長期間にわたる毎日の作業を慎重に行い，幼生の健康状態に注意する必要がある．もし失敗すれば，翌年の産卵期まで幼生は手に入らない．しかし，この幼生期間の長さは水族館でフィロゾーマ幼生を周年展示するにはかえって好都合だった．うまく飼育することができれば1年に1回，新仔を入手するだけですむからだ．幼生期間が短い種では，周年展示を行うには，1年に何回も孵化させなければいけなくなる．

　2つめは餌の準備と給餌，水質と水槽管理に多くの手間がかかることだ．これらの手間を省くには人工餌料の開発や新しい飼育システムの構築が不可欠であろう．

　もっとも大きな問題は（水族館での展示には関係のないことだが）稚エビまでの飼育期間を通して抗生剤の使用が不可欠なことだ．抗生剤を使用して育てたイセエビの種苗は放流できないので，研究機関の多くの方々がこの問題解決に向けて努力されている．

幼生の飼育展示をして

　鳥羽水族館では，2005年8月よりフィロゾーマ幼生の周年展示を開始した（図6A，B）．フィロゾーマ幼生は体が透明なので，観客はその姿を確認するまでに少々時間がかかっているようだ．しかし暫くすると，「えー！これがイセエビになるの？　信じられない」，「こんなのははじ

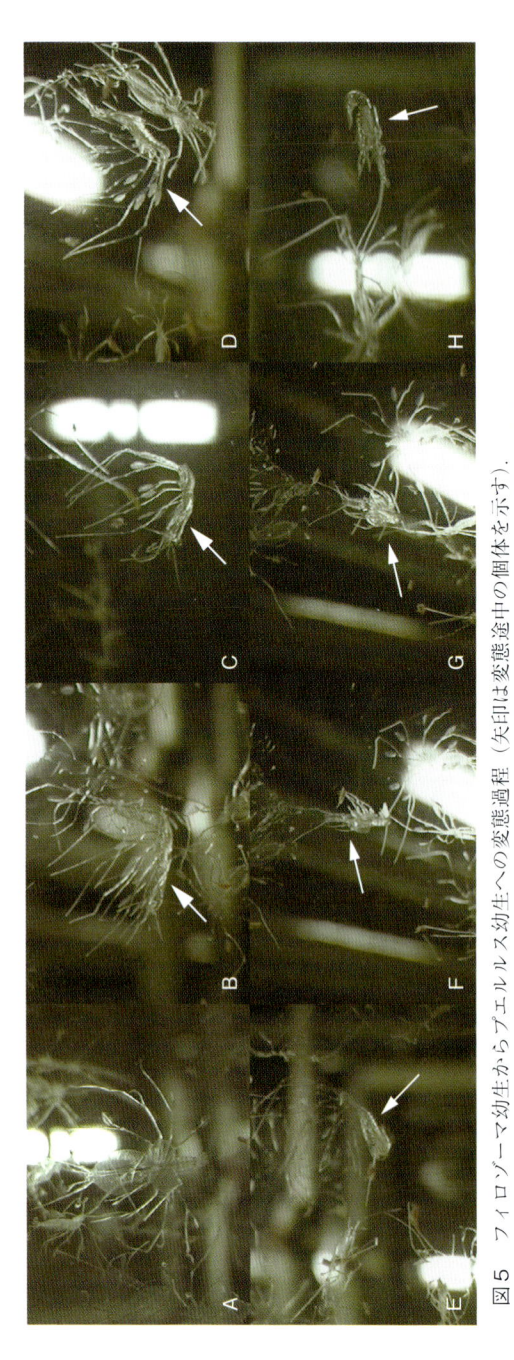

図5 フィロゾーマ幼生からプエルルス幼生への変態過程（矢印は変態途中の個体を示す）．
A：変態前のフィロゾーマ幼生．B：変態途中のフィロゾーマ幼生．C：殻内で胸脚が収縮する（Bから53秒後）．D：さらに頭胸が収縮する（Bから2分26秒後）．E：脱皮直前のフィロゾーマ幼生（Bから3分25秒後）．F：脱皮直後のプエルルス幼生．触角はまだ完全に抜けていない（Bから3分46秒後）．G：Fと同じ．プエルルス幼生の頭胸甲がまだ平坦であることを示す（Bから3分47秒後）．H：フィロゾーマ幼生時代の殻から完全に抜け出したプエルルス幼生（Bから4分15秒後）．

図6　イセエビ幼生と生活史を紹介する飼育展示風景.
　　　A；飼育展示コーナー，B；展示を観る観客の様子.

めて見た」と一様に驚かれる．それもそのはず，現在のところフィロゾーマ幼生を周年展示しているのは鳥羽水族館だけなのだから．この展示を観てロマンを感じて欲しい．というのがイセエビ幼生の飼育と展示に係わった者の願いだ．なぜなら，日本人なら誰でも知っているはずのイセエビが，実は多くの人々が知らないフィロゾーマ幼生という姿で黒潮に運ばれつつ大海原を漂って生活し，1年後に再び沿岸に帰ってくるという壮大な旅をする生き物だからだ．しかも天然のフィロゾーマ幼生はほとんど採集されることがなく，その生態は今も謎に包まれている．

　世界ではじめてイセエビの完全育成ができてから18年がすぎ去った．

しかしその幼生を間近にみることのできる機会はこれまでほとんどなかった．24年前の失敗以来，いつかきっと展示してみたいという私の願いが1つかなったことになる．さて，次の夢は……．

　ウナギのレプトケファルス幼生（柳の葉のような形をした幼生）を展示したいというのが次の夢だ．

おわりに

　三重県科学技術振興センター水産研究部の松田浩一さんには，孵化直後のフィロゾーマ幼生を快く提供して戴くとともに，幼生飼育についての価値あるアドバイスを数多く戴いた．松田さんの支えなしではこの展示を続けることはできなかったと思う．心から感謝し，御礼申し上げたい．

参考文献

Haeckel, E. 1904. Kunstformen der nature. Verlag des Bibliographischen Institut, Leipzig, 51 pp. 100 pls.

Hamner, W. M. 1990. Design developments in the planktonkreisel, a plankton aquarium for ships at sea. Journal of Plankton Research, 12 (2): 397-402.

服部他助・大石芳三．1899．龍蝦孵化試験第一回報告．水産講習所試験報告，1：76-131.

井上正昭．1981．イセエビのフィロゾーマ幼生の飼育に関する基礎的研究．神奈川県水産試験場論文集　第1集．91 pp.

Kittaka, J. and K. Kimura. 1989. Culture of the Japanese spiny lobster *Panulirus japonicus* from egg to juvenile stage. *Nippon Suisan Gakkaishi*, 55: 963-970.

松田浩一．2005．イセエビ属（*Panulirus*）幼生の生物特性と飼育に関する研究．京都大学博士論文．211 pp.

野中　忠・大島泰雄・平野礼次郎．1958．イセエビのフィロゾーマの飼育とその脱皮について（予報）．水産増殖，5：13-14.

竹脇　潔．1978．無脊椎動物の変態．日本発生生物学会編，変態の生物学，岩波書店，東京，pp. 1-34.

Yamakawa, T.・M. Nishimura・H. Matsuda・A. Tsujigadou and N. Kamiya. 1989. Complete larval rearing of the Japanese spiny lobster *Panulirus japonicus. Nippon Suisan Gakkaishi*, 55: 745.

第7章

熱帯の深海に挑む—沖縄におけるハマダイ飼育の記録—

佐藤　圭一

　2000年秋，雪が舞う室蘭港を出港した私は，いまだ真夏の太陽が照りつける那覇港へ降り立った．私にとって新しいチャレンジのはじまりだ．それまでの10年間を大学ですごし，深海の"トラザメ科"というサメの分類学を専攻してきた．深海トロール調査などを数多く経験し，深海の生物についてはある程度自信もあった．"生きものとしての魚"を知っているつもりだった．しかし，北と南の生物相の違い，生物に対する向き合い方，すべてがそれまでとは異なっていた．水族館での仕事をはじめると同時に，私の自信はあっという間に無力感へと変わってしまった．

　水族館に就職して以来，毎日が驚きと疑問，発見の連続だった．すべてが私にとって未知の世界だ．水族館の仕事は机上の理論だけでは解決できない，試行錯誤を伴う難題ばかりである．エサ切りからはじまり，水槽の掃除，給餌など，すべてがはじめての経験である．「どのような方法が最善なのか？」，いまだ自問自答する毎日だ．

　やがて1年が経ち，私たちは深海魚を飼育するスタートラインに立った．新しい水族館のオープンを1年半後に控えた春，沖縄の海にすむ深海魚を飼育するための大仕事がはじまったのである．

新たな目標へ向けて

　新しく建設される水族館は，沖縄の海にすむ生物をテーマとし，展示生物は主に沖縄周辺から採集することが基本方針とされた．沖縄は北緯25～26度に位置する，亜熱帯の島である．しかし，海中の世界はまさに

Taking on the abyss of the tropics. An attempt to exhibit deep-sea ruby snapper in Okinawa.

熱帯といってよい．表層は年間を通して20℃を超える水温を維持し，美しいサンゴ礁が形成される．世界でも有数の高い生物多様性を誇る海域だ．

　新水族館（沖縄美ら海水族館）は総水量10000m^3．そこには沖縄の海を代表する造礁サンゴ類，サンゴ礁特有のカラフルな魚類，ジンベエザメやオオメジロザメ，オニイトマキエイ（マンタ）などの外洋性大型魚類が展示される予定だ．内田詮三館長をはじめとするスタッフは，これら大型のサメ・エイ類の飼育に関する世界的なリーダーであり，ノウハウもきわめて豊富であった．一方，深海生物の飼育は世界的にも未知数の分野であり，飼育例も極端に少ない，発展途上の領域である．ところが，新水族館は深海の展示水槽が合計24槽，もっとも大きな冷却水槽は230m^{3}という，私たちにとってはとてつもない規模であった．これほど大きな冷却水槽や，展示水槽の多さは過去にも例がなく，世界的にも珍しいであろう．ここに一体何を展示できるか？　今後自分たちの手で，沖縄の海から生きた深海魚を収集することが，重い命題として科せられたのだ．

　水族館にやって来る多くの浅海性魚類は，主に大型の定置網，延縄漁，刺網漁などで捕獲される．1回の採集で，数も種数もある程度の成果が見込める．一方，深海魚を対象とした漁業は，沖縄においては少数派である．主に一本釣りや底延縄により細々と漁が営まれており，それらにより漁獲される魚は，水族館においてもあまり馴染みがない．沖縄にすむ深海生物の飼育は，あまりに未知な領域が多く，努力量に対する展示の成果があまりにも小さいのだ．

沖縄の深海を調べる

　「沖縄を代表する深海魚とは？」と尋ねられて，即座に答えが出る人がどれほどいるだろうか？　私も答えられない者の1人であった．沖縄の深海魚類については，過去にいくつかのまとまった調査結果が報告されている．1984年に日本水産資源保護協会が出版した「沖縄舟状海盆および周辺海域の魚類」はその代表で，大型の調査船を用いたトロール調査によって得られた63科205種の魚類が記載されている．しかし，トロ

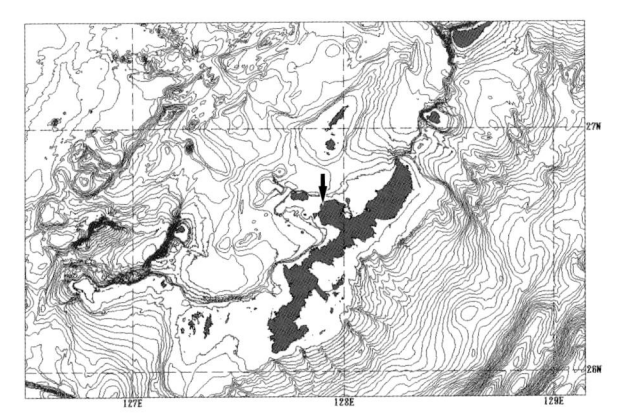

図1 沖縄周辺の海底地形図．等深線は100m間隔．⬇は沖縄美ら海水族館の位置を示す．本図は㈶日本水路協会資料を利用し作成された．

図2 A) 本部町の深海釣り名人平良幸信さん所有の「幸福丸」．この船を使って，一本釣りやカゴ採集を行っている．B) 一本釣りによる採集．この竿先からは400mにおよぶ釣り糸が繰り出されている．C) 水深650mに仕掛けたカゴの目印となるブイを発見．手前は平良幸信さん．D) 深海に仕掛けたカゴ（写真中央）からすばやく生物を収容する様子．主に甲殻類や小型のサメ類が採集できる．

ール調査は主として，海底の平坦で安全な場所をネットで曳くものであって，沖縄の海人（ウミンチュ）が仕掛けを入れる，海底の「曽根」とよばれる複雑な海底地形を持つ海域は，調査の手がまったく届いていなかった．

　沖縄の深海を象徴する深海魚を飼育したい．ウミンチュの誰もが知っていて，その上，誰も生きている姿を見たことのない魚が泳ぐ姿を見たい．沖縄の深海を水族館に再現するため，私たちはまず，沖縄の海にすむ深海魚の実態と，飼育の可能性を探るための採集調査をはじめた．漁法はあくまでもウミンチュと同じ方法，底延縄，刺網，エビカゴ漁，一本釣り．仕掛けを入れる水深帯は，主に200〜400mの，海底が盛り上がっている曽根の周辺である．一体何が採れるのだろうか．仕掛けを引き上げる瞬間は，いつも心が躍るものだ．

ウミンチュの眼力

　沖縄本島周辺の海底地形は大変複雑である（図1）．東は南西諸島海溝（琉球海溝），西は沖縄舟状海盆という，深い海に囲まれた海域である．私たちのフィールドは，主に本部半島沖に広がる東シナ海だ．私たちの採集でもっとも需要となるのは，ポイント選びである．そこで頼りにするのが，沖縄の海を知りつくしたウミンチュ（の眼）である．沖縄美ら海水族館の位置する沖縄県本部町は，古くから漁業で栄えた町で，多くのウミンチュが漁業を営んでいる．そのなかでも，もっとも信頼を寄せているのが，深海釣りの名人である平良幸信さんである．平良さんは，この海域の海底地形図が全て頭に入っているのだろうか．私たちには水平線しか見えないが，毎回ねらった場所に必ず仕掛けを入れることができるのだ．平良さんほか，ウミンチュの協力なくして，私たちの仕事は成立しないのである．

深海の宝石・ハマダイ

　はじめて見たときの興奮は，いまだに忘れることができない．沖縄の深海にはこんな美しい魚が泳いでいるのか．沖縄の三大高級魚にもあげ

られている，ハマダイ（沖縄名：アカマチ）であった．一本釣りによる採集を始めて以来，3カ月目にしてはじめて釣り上げることができた．まさに，これが沖縄の深海を代表する魚だ．英名で Ruby Snapper（ルビー色のフエダイの意）と称される通り，船上に横たわったハマダイは，何とも美しい深海の宝石ともいえる輝きを放っていた．

しかし，その姿を現したハマダイは，すでに体全体が硬直し，誰の眼にも死んでいるように見えた．そのうえ，口や肛門からは，反転した胃，肝臓，さらには腸までが飛び出している（図3A）．「こんな魚が本当に飼育できるのだろうか？」．ウミンチュの平良さん曰く，「これが生かせたらノーベル賞だよ」．40年来のウミンチュでさえ，半ばあきらめムードだ．

死んでしまう原因は，実に単純明快である．水深300mから釣り上げられたハマダイは，急激な水圧の変化により，鰾が何倍にも膨張してしまう．加えて，深海から釣り上げられる魚は，高水温に対してきわめて弱い．採集の際には，必ず表層の高水温域を通過しなければならないのだ．彼らにとっては，まさに熱湯地獄風呂だ．

ところで，沖縄における水深300mの水温はどうなっているだろうか．深海生物を飼育するに当たって，水温は大変重要だ．沖縄の水深300m付近は，世界最大の海流である黒潮の影響を受け，年間15〜18℃前後という水温を安定して維持している．一方，表層の水温は年平均で約25-26℃，年間20-30℃の範囲で推移する．つまり，深層と表層で温度差が最大約12℃程度となる夏期に比べ，差が5℃以下となる冬季の方が，はるかに採集に適しているはずだ（図3B）．水温が低下する冬に集中して深海生物を採集したほうが，理にかなっているのである．

解決不能！水圧の壁

一方，水圧の問題は水温の変化に関わらず，解決できないもっとも難しい問題として残されたままである．水深300mの海底は，およそ30気圧，つまり地上1気圧の30倍もの圧力にさらされた，極限の環境である．ハマダイは，針に掛かってから水面に現れるごく短時間に，圧力が1/30に減圧されるのだ．急激な減圧が深海魚に与える影響は，一体どれ程の

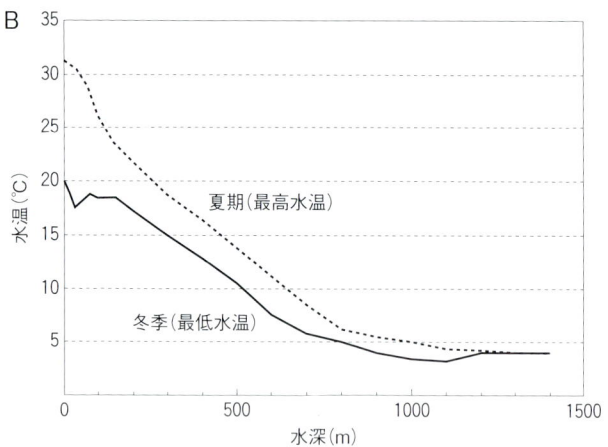

図3 A) 釣り上げられ，口から胃が反転してしまった．上：ハナフエダイと下：ハマダイ（アカマチ）．B) 沖縄本島西側における，海水温の年変動（破線：最高水温，実線：最低水温）．本図は日本海洋データセンター統計資料より，数値を引用した．

図4 キントキダイ科のホウセキキントキの縦断面．鰾は腹腔の背面，脊椎骨の直下に位置する．鰾の位置や形状は，種によって異なる．鰾を露出するため，肝臓は切除した．

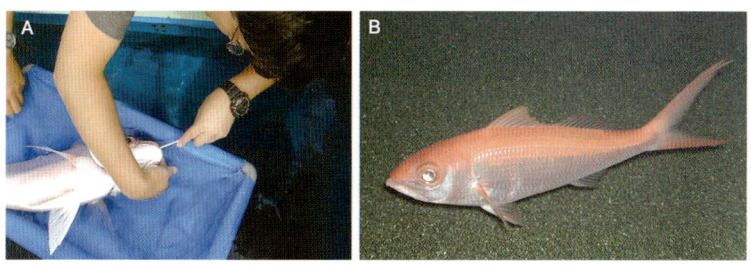

図5 A）船上でハマダイの応急処置を行っている様子．反転した胃の状態や吐出物がないか，すばやく確認し，必要に応じて器具を使って処置する．1分1秒が成否を分ける作業である．B）飼育に成功し，沖縄美ら海水族館「深層の海」を泳ぐハマダイ．

ものだろうか．

　ハマダイを含め，硬骨魚類（フナ，タイ，マグロなど）は，一般に鰾を持っている．鰾は通常，酸素や窒素などのガスによって満たされているが，一部の深海魚ではガスに代わってワックスを満たしているもの，鰾自体を欠くものなど様々だ．鰾は魚の浮力を調節するための重要な器官であり，鰾内のガス量やガス圧を調節することで，自らの浮力をコントロールすることができる．一部の魚類では，鰾が食道と連結しているものがあり，急減圧した際に口からガスを排出できる魚類も存在するが，ハマダイは閉鎖された鰾を持つ閉鰾魚である．そのため，ハマダイは釣

り上げられて急減圧すると，気体で満たされた鰾が何倍にも体積が膨張してしまう（理論値で気体は30倍となるが，鰾は体を覆う筋肉や内臓によって囲まれているため，体積が30倍に達することはない）．このように膨張したガスが，鰾の体積を極度に増加させ，胃や腸などの内臓を強く圧迫し，さらには口や肛門から内臓を押し出してしまう．

釣り上げたハマダイは，人為的に何か手を加えなければ，短時間で死に至る．口から外に押し出された内臓によって，口腔内が満たされてしまい，呼吸水が鰓を換水出来なくなるため，窒息状態に陥る．そこで，私たち水族館職員は，鰾のガスを外へ排出するため，注射針などを用いてガス抜きを行う．ガス抜きを行う方法は，活魚を扱う漁師や，多くの水族館で経験的に行われている．しかし，ハマダイのようなきわめて深い水深帯から採集される魚の場合，減圧による体組織へのダメージが大きく，鰾のガス抜きをしただけでは回復しない場合が多い．

死魚から学ぶこと

瀕死の状態で釣り上げられたハマダイを，いかに処置し飼育につなげるか？　私たちが死亡した魚体から学ぶべきことは多い．ハマダイ採集をはじめて2カ月ほど経った頃だろうか，同僚がはじめて生存個体を搬入することに成功した．しかしながら，生存したとはいえ横倒しになったまま，かろうじて自発的な呼吸が見られたにすぎなかった．そのハマダイは，採集から4〜5日間生存した後に死亡した．

私は死んだハマダイを，肛門から頭部方向へ開腹し，鰾の様子や内臓の様子を観察した．すると，鰾が出血を伴って破れ，消化管に複数の傷があった．ガス抜きの際に肛門近くから挿入した注射針によって傷付いたものだった．どうすればよいものだろうか，私はいくつかの長さと太さの注射針を用意し，片側を開腹した状態で，様々な場所や角度から，鰾内のガス抜きを試みた．すると，鰾や内臓を傷付けることなく，かつ安全に針を挿入できる部位と角度を見つけることができた．

ハマダイは内臓だけでなく，外部にも異常な点が多くみられた．それぞれの鰭の末端がすべて壊死し，欠けた状態となっている．俗にいう「スレ」とよばれるものではなく，非常に不自然な症状だ．これは，後

にわかったことであるが，人間にも存在する「減圧症」という症状の1つである．鰭の末端にはきわめて細い毛細血管が存在するが，急激な減圧によって血液内のガスが気泡化し，末端に血栓症を発症させる．そのような炎症は，鰭や内臓にも見られ，出血と炎症を伴う場合がある．この「減圧症」は目に見えにくく，物理的に処置できる症状ではないため，深海魚飼育においてもっとも厄介な存在である．私は，許容範囲を超えない程度の低温状態で輸送・飼育することにより，炎症の悪化を抑制し，不摂餌によるエネルギー消耗を抑えようと考えた．

歓喜の日

努力の甲斐があったか，偶然かわからなかった．とにかく，ハマダイが生きたまま水族館へ搬入されることが何度か重なった．死亡するものもあったが，生存し，遊泳する個体もちらほら見られるようになった．当初使用したのは，円形の深い大型水槽だった．水槽を遮光シートで覆い，水深300m付近よりやや低い水温を維持し，水流を弱めた．鰭の先端部に炎症はみられるものの，致命的なものとは思われないほどだった．ところが，いつまで経っても摂餌が見られない．様々な餌や，夜間泊まり込んでの給餌も試したが，まったく反応しなかった．そのまま2カ月がすぎ，3カ月目に入ると，炎症を起こしていた鰭の末端が，治癒していることに気付く．そこで，徐々に水温を上げることによりハマダイの摂餌を誘導しようと考えた．

水族館搬入後，3カ月目が近づいたある日，いつものように餌を落とし，暗闇で観察していると，間違いなくハマダイが餌を口に入れたのが眼に入った．それも1尾だけではなく，2尾3尾と続いた．暗い部屋の中で，一人声なく歓喜した瞬間だった．このときの喜びは，今でも飼育人としての心の糧となっている．

新しい水族館への引っ越し

旧水族館（国営沖縄記念公園水族館）は，2002年8月をもって閉館した．いよいよ11月の開館に向けて，生物の引っ越し作業がはじまった．

ハマダイなどの深海生物は，旧水族館のバックヤード，通称予備水槽で1年間飼育されてきた．その時点で飼育されていたハマダイは，およそ20尾だった．これらを確実に新水族館（沖縄美ら海水族館）の深海大水槽へ移動させなければならない．

　ハマダイの運動能力はきわめて高い．水面から1mほどの高さがあるフェンスでさえも，簡単に飛び越えてしまうのである．万が一，輸送に際してハマダイを驚かせれば，輸送容器や水槽から飛び出す恐れがあった．そこで，私たちは1尾ずつ確実に麻酔を施し，1日1～2尾のペースで移動を行った．そこで問題となったのが，ハマダイと他の生物との混泳である．深海の大水槽では，ハマダイだけではなく，水深300～600m付近で採集されたその他の生物も飼育される．つまり，異なる水深帯の生物を，同一条件で飼育するのだ．それぞれ，適水温や光への反応も異なるため，生物たちにはある程度の妥協をしてもらわなくてはならない．そのため，新しい住処はハマダイにとってやや冷たく，かなり照度が高い環境となってしまった．

　その結果，低水温のためかハマダイの動きは鈍くなり，摂餌量は落ちた．水族館では，必ずしも魚を大きく成長させる必要はないため，このままで良いと考えていた．しかし，数カ月すると，ハマダイの体に予想していなかった小さな変化が見られるようになったのだ．

深海魚と光

　暗闇の世界にすむ深海魚にとって，光は決して無縁の存在ではない．ハマダイも例外ではなく，飼育下においてハマダイは照明などの光によって，様々な影響を受けると考えられる．魚のみならず，自然界に存在する生物には，日周，年周リズムが存在し，特に深海魚においては，日周鉛直移動や，摂餌行動，繁殖周期などに関連するのである．

　深海魚を飼育する上で，光は排除すべき要素となる場合が多い．しかし，水族館は同時に"人に見せる"という重要な役割があり，展示のための最低限の照明が必要だ．展示を開始して以来，ハマダイの魚体は明らかに体色が濃くなり，薄い紅色から濃い赤橙色へ変化した．加えて，各所に黒色素が沈着し，「シミ」のようなものが目立つようになった．

魚類における光受容組織は，眼だけではなく，頭部背面に存在する松果体にも存在する．特に，松果体は明暗を受容し，日周リズムの形成に大きく関与する器官だ．松果体に強い光刺激を与えた場合，血中メラトニン量が減少し，黒色素胞を拡散させ体色を黒化させる．飼育下におけるハマダイが，弱いとはいえ照明を長期間受け続けることは，自然条件下では起こりえないことであり，彼らの体色を変化させる原因となったのかもしれない．暗幕を施した予備水槽で飼育したものが，体色の変化をあまり呈しないことからも，光の要因が大きいことが容易に推測できる．

　ハマダイを美しく見せることと，魚体を美しく保つこと，これらが相反する課題として表れたのだ．おそらく，この問題はハマダイのみならず，すべての深海生物に関してもいえることなのである．ここにも深海魚飼育の難しさが存在する．

飼育して，はじめて知る

　私たちのハマダイ飼育は，今年で6年を越えた．やっと1つの節目を迎え，今後に残された課題も多いが，とにかく安定して飼育・展示が可能となった．ハマダイを含め，マチ類（深海性のフエダイ類）の漁獲量は年々減少傾向にあり，奄美・沖縄・先島における漁獲量は，近年は最盛期の1/8程度まで落ち込んでいる．急を要するマチ類の資源保護であるが，水産庁は平成15年度にマチ類の資源回復計画を策定した．マチ類の資源量に関する調査は，現在，沖縄県・鹿児島県の水産試験場や，西海区水産研究所において実施されている．資源回復を図るためには，まず対象とする生物がどの様な生物学的特徴を持っているのかを，明らかにする必要がある．

　海の底で，ハマダイはどのような暮らしをしているのだろうか．おそらく，誰も生きている姿を観察したことはないだろう．ハマダイの摂餌の仕方，繁殖の行動，物理的な刺激に対する反応，移動など，死んだ魚から推測する以外に方法がなかった．しかし，今となっては飼育が可能であることが実証され，人々はハマダイを目の前で何時間でも観察可能になった．展示開始からほどなく，生きたハマダイの姿は専門家の目に

触れることになった．

　さっそく，水産庁の資源回復プロジェクトの担当者から連絡が入った．鹿児島県の水産技術センターでマチ類の標識放流試験を行いたいので，協力できないかというものだ．水深200mを超える海から採集された生物に標識を付け，それを生存させたまま放流し，いつの日か再補される，まさに夢のような話だ．同センターで研究を行う久保満さんは，標識放流の成功を夢見て，私たちの船に同乗して採集と手当の方法を視察し，奄美近海でアオダイなどマチ類の標識放流に挑戦したのである．そして2年後，久保さんから226尾を標識放流し，同海域で3尾の再補があったとの連絡が来たのだ．私たちのノウハウが活かされ，努力が実を結んだのである．

まだまだこれから

　ハマダイをはじめ，マチ類の飼育は更なる課題が残されている．長期飼育の目途が経ち，今後の目標として，飼育下での繁殖が当面の目標となった．これは容易なことではない．ハマダイは成熟までに，12年を要すると考えられている．現在飼育中の個体は，すべて未成熟であり，成熟まで今後さらに数年を要するだろう．また，飼育下において，十分に成熟する保証もない．実に根気の必要な仕事なのだ．しかし，それまで待ちぼうけするわけではない．ハマダイとほぼ同じ水深帯に分布する，ハチビキという魚がいる．当然，水族館で長期飼育しているが，この魚の槽内での交尾行動が確認され，孵化仔魚が得られたのである．

　この卵は，産卵後表層へと上昇し，水面を漂う．分離浮性卵である．このとき，水温がおよそ20℃以上でなければ孵化しないのである．飼育下において，ハチビキは外海の水温がもっとも低くなる，毎年2月前後に繁殖を行うのである．おそらく，ハマダイの受精卵も同様なのではないだろうか．推測にすぎないが，南の暖かい海にすむ深海魚たちにとって，深海の冷たい水と，表層の温かい水が，繁殖の条件となっている可能性が考えられるのだ．しかしその後，ハチビキの仔魚は，孵化後10日目を過ぎると，バタバタと数を減らした．摂餌も確認されているのだが，まだまだ彼らから学ばなければならないことは多いのである．

マチ類だけではない

　私たちの対象生物は，当然マチ類だけではない．熱帯域の深海には，サンゴ礁に劣らない多様な生物が棲んでいるのだ．実は私のもっともお気に入りが，深海ザメである．特に，ヘラザメ属というサメは，私の指導教官であり高名なサメ研究者である，仲谷一宏さんとともに，今でも分類の研究を続けている．このサメ，体がブヨブヨで真っ黒，研究室の同僚からは「ボロ雑巾と」揶揄されてきた．いつかこのサメを飼育し，雑巾じゃないことを証明するのだ．

　深海ザメはきわめてデリケートだ．サメ，エイ類など軟骨魚類は鰾がないため，いっけん圧力変化に強そうに思えるが，実はその正反対なのだ．彼らは深海で中性的な浮力を得るために，体重の25％以上にもなる巨大な肝臓の持ち主である．この肝臓が，実に飼育を難しくしている．水深500mを超える深海から採集され，急減圧を受けた深海ザメ類は，外見上に減圧症状が現れにくい．数週間〜1カ月程度，水槽内で生存させることは可能である．しかし，死亡後の解剖所見では，毎回ひどい組織の破壊や炎症が見られ，特に肝臓は油球が多数析出し，組織はドロドロの状態となる．私たちは，現在もこの難題解決に取り組んでおり，ま

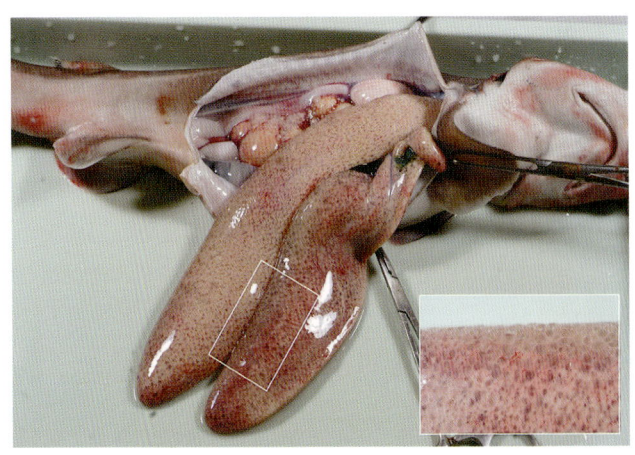

図6　水深650mから採集され，約1カ月間水槽内で飼育されたイモリザメの肝臓（左：全体，右：四角内を拡大）．全体が赤く鬱血し，表面に無数の油球が見られる．

たまた試行錯誤の毎日なのである．

　もちろん，私たちは他にも様々な深海魚に挑戦してきた．これまで印象的だったものは，ナガタチカマス，ウチワフグ，ヒレジロマンザイウオ，オシザメなど，見たことも聞いたこともないような魚たちだ．特にナガタチカマスやウチワフグは，1年以上に渡って飼育が可能となり，私たちや多くの来館者に驚きを与えてくれた．

展示と研究は一体

　近年の技術革新により，深海魚の飼育は少しずつ進歩している．深海生物を扱う水族館や研究施設も増えてきた．海洋研究開発機構の三輪哲也さんらのチームは，生物の採集から地上での飼育まで，高圧状態を維持しながら飼育可能な装置を開発した．海外では，モントレーベイ水族館付属の研究所などにおいて，1000mを超える深海からの魚類採集を試みている．いつの日か，チョウチンアンコウが長期飼育される日が来るかもしれない．

　私たちは今後も独自の調査，実験，展示を続けていくつもりである．水族館の仕事は，生物を調べ，飼育を試み，得られた情報を社会に還元させてはじめて完結するのである．沖縄美ら海水族館には，かなりの数におよぶ液浸標本（保存液に浸った標本）や，乾燥標本が存在する．深海生物の採集で得られた生物は，ほぼすべての種が液浸標本として保管され，それらは学術研究や，特別展などに利用されている．

　開館から5年，深海生物に関する特別展も3回開催した．2004年の「マチ類展」，2005年の「深海ザメ展」，2006年の「沖縄大深海展」などである．いずれも，前評判に反して毎日1000人近くが訪れるという，大好評を博した．深海は無限に広がる宇宙とともに，人々の注目を集めるのだ．特別展での展示は標本が中心となるが，そこで展示された液浸標本はまさに本物であり，私たち自身が採集してきた正真正銘の沖縄産である．"本物をありのままに見せること"，それが大勢の好奇心を揺さぶるのではないだろうか．私は，沖縄の深海生物の展示を通じて"深海を学んでもらう"というよりむしろ，人々の"楽しさ"や"好奇心"をくすぐりたいと思っている．不思議なものに触れた好奇心が，将来さらに

大きな知的欲求に変わるとすれば，プログラム化された教育システムよりも，はるかに大きな実を結ぶのではなかろうか．

　生物を飼育・展示し，人に伝えることがどれほど難しいことだろうか．その実現には，私たち自身がどんなに時間をかけても自らの力で物事を解決し，確固とした考え方を持つことが重要ではなかろうか．それは，マニュアルだけにしたがうのではなく，対象とする生物を地道に観察・研究し，データを積み重ねていくことに他ならない．飼育者は，もっとも生物に近い視点を持った，研究者たるべきだ．

参考文献

会田勝美．2002．魚類生理学の基礎．恒星社厚生閣，東京，258 pp.

Allen, G. R. 1985. Snappers of the world. FAO species catalogue, vol. 6, an annotated and illustrated catalogue of Lutjanid species known to date. FAO Fisheries synopsis No. 125, vol 6, FAO, 208pp + pls. XXVIII.

海老沢明彦．2003．ハマダイ（*Etelis corscans*）の産卵期と成熟体長及び成長に関する予備的研究（マチ類の漁業管理推進調査）．平成13年度沖縄県水産試験場事業報告書，81-83.

福田将数．2005．県内主要漁場で漁獲されたマチ類4種の体長別漁獲尾数（沿岸資源動向調査及びマチ類の漁業管理推進調査）．平成15年度沖縄県水産試験場事業報告書，79-96.

Hasegawa, Kazunori, Gento Shinohara and Masatsune Takeda, eds. 2005. Deep-sea fauna and pollutants in Nansei Islands. National Science Museum monographs 29. National Science Museum, Tokyo.

Herring, Peter. 2002. The biology of the deep ocean. Oxford University Press, 314 pp.

板沢靖男，羽生功．1991．魚類生理学．恒星社厚生，東京，621 pp.

加藤美奈子．2004．沿岸資源動向調査（マチ類）．平成14年度沖縄県水産試験場事業報告書，99-102.

岡村収，北島忠弘（編著）．1984．沖縄舟状海盆の魚類Ⅰ．社団法人日本水産資源保護協会，東京，414 pp.

佐多忠男．1988．マチ類．諸喜田茂充編著，サンゴ礁域の増養殖，緑書房，144-151.

第8章
サンゴを見せる
御前　洋

　南北に細長く伸びた日本列島，その周囲は海に取り囲まれ，南は水温の高い黒潮，また北は水温の低い親潮という海流によって絶えず洗われている．和歌山県串本町は，本州の中央から太平洋側に突き出た紀伊半島の先端に位置し，黒潮の影響を強く受け，気候は温暖である．本州最南端の潮岬に立つと，眼下には滔々と流れる黒潮が望める．

　海中は赤，青，黄色をしたスズメダイやチョウチョウウオ，ベラなどカラフルなサンゴ礁魚類が乱舞し，海底の岩礁はテーブル状，枝状，塊状，被覆状など様々な形状をしたサンゴに覆われている．特にテーブル状をしたクシハダミドリイシは串本を代表するサンゴで，場所によっては長さ100m以上に渡る大群生地を形成している（図1）．また直径1m以上に成長したニホンミドリイシやエンタクミドリイシなど板状や卓状のサンゴ群集も多く見られる．その光景は，まるで南国に見るサンゴ礁と見間違うほどである．

　さて，アメリカをはじめ諸外国では，美しい海中景観を陸上の国立公園のように保護する活動が早くから進められている．1962年，第1回世界国立公園会議がアメリカのシアトルで開催された際，参加国に対して「海中公園についての検討」の勧告が出された．これに基づき，日本でも，優れた景観を持つ海域を海中公園地区として環境庁長官が指定し，将来に渡って良好に保護するよう法改正が行われた．そして，日本国内の美しい海中景観を持つ海域について学術調査が行われ，1970年7月，温帯域と熱帯域の生物を合わせ持った種多様性に富む串本海中公園地区が，牛深海中公園地区（熊本県）など他の8カ所とともに，日本ではじ

Exhibiting corals. A successful synthesis of field work and aquarium exhibit.

図1　クシハダミドリイシの大群生地

めて海中公園地区に指定された．

　ところで，串本で見られる多くのサンゴは，沖縄や八重山地方で見られるようなサンゴ礁の上ではなく，岩（水成岩）の上に体を固定している．幾重にも重なって大きな群集を形成していても，その下には必ず岩がある．一般にサンゴ礁とは，石灰質でできたサンゴの骨格や生き物の遺骸が積み重なって岩化し，浅瀬や暗礁また一部が地殻変動で隆起して島ができているところで，その周囲にはサンゴが成育している．これらの海域では海底をボーリングしても石灰岩ばかりで岩は出てこない．日本におけるサンゴ礁の北限は鹿児島県のトカラ列島で，これより北にはサンゴが生育していてもサンゴ礁は見られない．また九州や四国，串本沿岸には大規模なサンゴ群生地が多数点在するが，串本をすぎると小規模となる．

　したがって，串本の海ではサンゴ礁は見当たらないが，各種サンゴが群生する最北限の地である．また潮の引いた時間帯に磯に出れば，あちこちのタイドプールで生きたサンゴが簡単に観察できる本州唯一の海岸である．なおサンゴの仲間にはサンゴ礁を造るサンゴ＝体内に褐虫藻を持つサンゴ＝造礁性サンゴと，褐虫藻を持たないサンゴ（一般に深海にすむサンゴで装飾に使われる）＝非造礁性サンゴとがあり，ここでは前者を対象に話を進める．また褐虫藻は造礁性サンゴの体内に共生する単細胞藻類で，太陽の光を受けて光合成をして作る養分の一部をサンゴに与えている．サンゴは触手でプランクトンを捕らえて餌としているが，

第8章　サンゴを見せる —— 115

褐虫藻から与えられる養分に依存しているサンゴも多い．ところが海中における光（照度）の強さは，水深の2乗に反比例するので，この褐虫藻は光の届く浅海域でしか光合成をすることができない．そのため造礁性サンゴが見られるのは浅海域に限られる．

サンゴの飼育

　海中公園地区に指定された美しい海中景観を見て頂く施設として，串本海中公園には海中展望塔とグラスボートがあり，またそこにすむ生物を紹介する施設として，1971年10月，水族館「マリンパビリオン」が開館した．

　開館した当時，日本各地の水族館は魚類を主体にアシカやオットセイなど海獣類の展示が主体であると同時に，より大型の水槽とダイナミックな生物展示を求める傾向があり，ほとんど動きのない無脊椎動物を主体に展示している水族館は少なかった．ましてやサンゴを生きたまま展示するという試みは，飼育例が少ないがゆえに，公営ではともかく，民営では失敗すれば閉館というリスクを背負っていた．飼育スタッフは18歳〜36歳（平均年齢22歳）の5名，設立当時から予備槽でサンゴの飼育をはじめていたチーフの（故）辰喜洸さん以外はサンゴの飼育経験はなかった．

　したがって，水槽に展示した後は，サンゴの飼育状況—たとえば色や形の変化，ポリプや触手の伸縮など—を必死で観察することから始まった．しかし心配事は的中し，展示後にサンゴの群体の一部から腐蝕がはじまり，数カ月あまりで死亡する現象が続く一方，徐々に痩せていきながらも触手を拡げて懸命に生きようとしているサンゴも少なからずあった．これはサンゴに限らず，ウミトサカ，ウミシダ，ケヤリなど多くの無脊椎動物にも当てはまった．

　幸い飼育展示している無脊椎動物は，串本近海で自家採集したものばかりで，地先のフィールド＝水槽の延長であった．海に潜って，展示生物が生息している環境を観察し，確認した状態を再び水槽内にフィードバックさせることを重ねていくうちに，飼育困難であった生物も徐々に長期飼育が可能になってきた．また串本周辺で行われているイセエビ刺

し網漁の網干場に毎朝出かけて，網にからまってきたサンゴやエビ，カニ，ヒトデなどを収集したが，これらが展示水槽を充実させたことはいうにおよばず，生き物の取り扱い方，ケアーの是非に対する判断（見極め）の参考となった．

当館の飼育システムは，地先の海中から直接採水し，海水を濾過せず沈殿槽を通過させた後，ポンプアップして高架槽に蓄え，そこから落差により各水槽に注水，オーバーフローさせる開放式である．メインの大水槽の照明は，天井を硝子張りにして自然光の照射を主体とし，250Wのマルチハロゲンランプ10灯が補助灯として設置されているが，他の水槽は40Wの蛍光灯2本と自然光による間接照明がなされている．今では，人工照明により照度を上げることでサンゴは飼育が出来，繁殖も一部で可能となったが，その当時における上述のサンゴの飼育環境は最良であったと推測されると同時に，これらの条件下においてサンゴが飼育可能か否かが問われる一種のテストケースでもあった．

ここで，水槽内におけるサンゴの飼育条件をどのようにして探っていったのか，少し詳しく説明しよう．串本周辺海域に広く分布するクシハダミドリイシは，潮間帯下部から水深20m付近まで生息している．そこで本種は，雨による塩分濃度や水温の変化など環境変化にかなり対応できる種と判断し，当初から展示のメインになる種として位置づけた．しかしキクメイシ類や他のミドリイシ類とともに大水槽で飼育をはじめたところ，本種は他種に比較して短命であった．そこで本種の飼育条件を探るために，展示水槽を使って実験を試みた．まず，好適な光条件を知るために，水槽内の水深2.0m，1.5m，1.0m，0.5mと4段階に深さを変えて展示した．また，実験に使うサンゴを，水深20m付近の岩陰の光の弱い場所に生息している群体から採取して，水槽に移植展示する試みも行った．次に流れの条件を探るために，水の流れの強い注水口付近と少し離れた場所とで比較した．ところが，展示魚による食害や衝突による脱落でサンゴの破損や死亡が起きたため，なかなか結果が出なかった．水槽内では，水深1m以上になると飼育不可能である，ということが判明するまでに，5年の歳月を要した．他の展示サンゴについても同様で，1つひとつが試行錯誤を繰り返しながらの飼育であった．展示をはじめて3年あまりは，生物の交換や採集に追われる日々が続き，さ

図2　串本の海中を再現した大水槽

らに展示生物を安定して飼育できるようになるまでに約10年かかった（図2）．

サンゴの繁殖

　サンゴの生殖には，海中に放出された卵と精子が受精しプラヌラ（幼生）になって海中を浮游し，やがて海底に着底，変態してサンゴになる有性生殖と，サンゴの体を分裂させたり出芽させたりして新しい体を作って増える無性生殖とがある．水族館でサンゴの飼育が軌道に乗った頃から，サンゴの寿命は何年か，初産は何歳かと疑問を抱くようになった．幸い，目の前にはたくさんのサンゴがあり，それらを取り巻く海水と太陽光を取り入れた水槽があった．サンゴの飼育が順調に進めば，次は繁殖させて2世の獲得が可能になり，さらにこれを飼育すれば先の疑問に自ずと答えは出てくるだろう．水槽内でのサンゴの繁殖は，「飼育下における動物から2世を獲得し，それを親まで飼育してはじめてその動物の一貫した飼育が完了する」という飼育に携わる者が一人前になるためのハードルでもあった．また北限域に棲むサンゴが繁殖しているか否かを確認することは，生物地理学上の重要な課題でもある．

　海外をはじめ，沖縄や八重山諸島海域におけるサンゴの産卵に関する報告では，夏の満月の大潮前後の夜に産卵が行われるという．串本における初夏は6月中旬頃であることから，6月末から地先で夜間潜水によ

るサンゴの産卵の目視観察を計画した．産卵観察は，1989年から開始，潜水時間は21時〜23時である．調査海域は地先の水深1m〜10m，面積約2500m^{2}の浅海域とし，ここにはグラスボートの航路の一部と海中展望塔周辺海域を含め，日中には観察種のチェックができるように配慮した．また，1998年以降は，野外調査に加えて水槽観察も合わせて行った．展示水槽のうち，大水槽ではシュノーケリングによる目視観察を行い，他の水槽では水面に浮游する浮遊卵を回収，確認する方法で，卵放出の有無と産卵種を調査した．なお，放精だけで放卵が行われない場合については，精子が小さく水中での確認は不可能であるため，放精を直接確認できた場合だけ記録した．

夜間調査は，自主的な研究なのでやむなく単独潜水であった．調査をはじめるまでは，潜水中にサメに出会ったり，水中ライトが点灯しなくなった場合を想定して不安を抱いた．海に飛び込むと，見慣れた海でありながらそこは別世界であった．昼間見えていた多くの魚類はほとんど見当たらず，海中は殺風景であるが，海底やサンゴの上にはエビやカニ，ヤドカリ，巻き貝等が姿を現していた．またサンゴの枝間で休む魚や風船のように膨らませた透明な膜の中で眠るアオブダイを見つけて感動することもあった．潜水直前の不安な気持ちをそれら生物への観察に切り替え，毎夜潜水した．しかし調査をはじめた年は，サンゴの卵をまだ見たことがなかったので，浮遊懸濁物との区別ができないこともあり，目的とするサンゴの産卵はなかなか観察することができなかった．1週間空振りが続くと，不安が募り，計画そのものに自身がもてなくなってきた．私は，その当時NHKで度々放映されていたオーストラリアの大保礁におけるサンゴの産卵シーンに感激して，これを直接みてやろうと意気込んでいた．そして毎夜，産卵シーンをイメージしての潜水を続けること10日，それは予期せぬときにやって来た．

正にイメージそのまま，クシハダミドリイシの各ポリプの周囲が鮮やかな橙色に変化しはじめ，ポリプ中央（口）にはピンク色のバンドル（多数の精子と卵の入った袋）が見えた．それから待つこと1時間，口が少しずつ膨れ，バンドルが口先に移動して来たが，放出はまだである．残り少なくなったエアーを気にしながらさらに待つこと30分．「ブッ！」という鈍い音とともにバンドルはゆっくりと放出された．サンゴが産卵

をはじめたのだ．1つ，2つ，……．やがてそこら中のポリプからバンドルが放出される．と同時に近くにある同種の群体から同じようにバンドルが放出され，見る見るうちにあたり一面がバンドルで覆われる．海水より少し比重の軽いバンドルはゆっくりと水面に向かって上昇し，やがて弾けて中から卵と精子が放出され，受精する．産卵が開始されて30分を経過する頃には，海中に浮遊するバンドルはなくなり，産卵前に見たあの殺風景な海底に戻っていた．一方海面では，あたり一面に卵が浮遊し，一種独特の生臭い臭いに包まれる．時には小規模な赤潮が発生することもあり，多数の卵に驚かされる．これら一連の光景は，突如降ってきた粉雪（＝バンドル）に暫く取り囲まれた後，雪は消え，あたりがうっすらと雪化粧（＝卵による赤潮）したときの，あの束の間の幻想の世界を思わせる．

　産卵観察が終わり，空になったタンクを背負って岸辺に着くまでの間，体は疲れていたが気持ちは軽やかであったことは言うまでもない．これを展示水槽で観察できたら，……．今度は，水族館という社会教育施設の立場から，一般の方々に水槽内に展示したサンゴの産卵シーンを観察して戴ける方法について，頭の中で模索しはじめた．

　翌朝，海岸に立つと，あたり一帯に生臭い臭いが漂い，岸辺近くの海面をよく見ると，サンゴの卵が浮遊しており，時には橙色の帯や赤潮が観察された．海面を観察しながら，昨夜見た産卵シーンを思い浮かべ，今夜は産み残しの確認と再度の産卵観察の機会を期待した．産卵翌夜潜水しながら，サンゴは年1回の産卵なのか，毎年産卵するのか，同じポリプから繰り返し産卵するのか，などの疑問が出てきた．さらにその夜は産卵が観察されなかったため，昨夜のサンゴは何をきっかけにして，一斉に産卵したのか，という新たな疑問にぶつかった．潜水を終えた後，文献資料を見ると，水温（最近では積算水温）や潮汐が関係しているとの事であった．なお，同一群体におけるシーズン中の繰り返し産卵や毎年産卵するのかを確認するために，バンドルを放出した群体にビニールで保護された針金（ビニタイ）を装着し，夜間観察の際の目印とした．

　大潮は満月だけでなく新月にも起こる．そこで，新月前後の数日間も注意深く観察したところ，満月の時とは別の種類による小規模な一斉産卵が観察された．満月と新月の大きな違いは，月による明るさである．

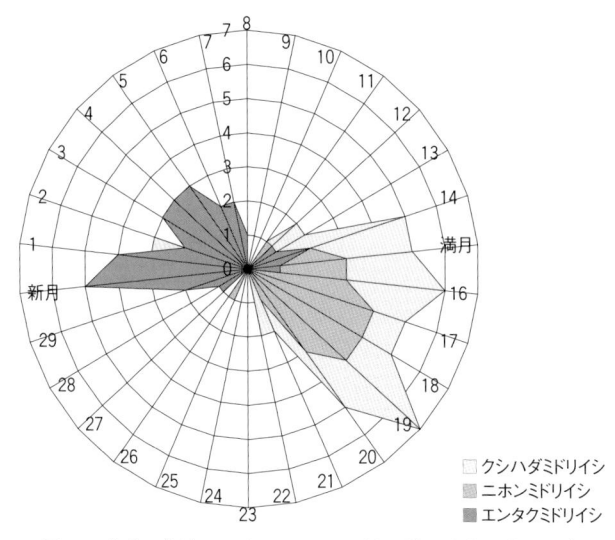

図3 串本で観察されたミドリイシ属3種の産卵日数と月令

したがってサンゴは光を感知している可能性が考えられた．これは産卵直前に群体の一部に暫く懐中電灯を照射していると，その部位周辺は産卵が遅れたり，翌日以降に延期するという潜水実験結果からも頷けることである．

　2005年まで行った地先の海底と水槽におけるサンゴの産卵調査の結果から25種による有性生殖と2種によるプラヌラ放出が確認された．プラヌラを含む産卵期間は6月下旬〜10月初旬にかけての4カ月間，また放出時間帯は日中，日没直後，夜間，終日と種によって異なることがわかった．この内クシハダミドリイシとニホンミドリイシは主に満月前後，これに対してエンタクミドリイシは主に新月前後に産卵することがわかった（図3）．また産卵した各サンゴに目印のビニタイを装着したことにより，ミドリイシ類は毎年同じ群体が産卵していることが確認された．キクメイシ類は産卵が確認された群体数が少ないため，毎年同じ群体が産卵しているか否かは不明である．なお，水槽内での各サンゴは，野外における自然群体の産卵と同日，同時間帯に産卵が行われたことから，正常に成熟していると思われる（図4）．

図4　大水槽で産卵中のスギノキミドリイシ

　一方，予備槽で飼育していた親サンゴが放出した卵から得られた稚サンゴは10種で，これらを展示水槽に移植し，飼育を継続した．その結果，飼育下ではハナヤサイサンゴは3年目にプラヌラを，タバネサンゴは7年目，ニホンミドリイシは8年目にバンドルをはじめて放出するのが確認でき，その後も毎年放出が確認されている．さらに前2種については3世も得られている．これは水族館の飼育下におけるはじめての記録である．

　なお，ニホンミドリイシについては，得られた稚サンゴの一部を海中展望塔近くの海底に移植し，産卵の有無を毎年観察したところ，水槽内よりも2年早い6年目に初産が確認された．これら両者の成長速度を比較してみると，移植9年目に野外の群体は水槽の群体の約1.5倍の大きさにまで成長した．飼育下では，自然光や餌が不足するため，成長・成熟に遅れが生じたものと考えられる．本種をはじめ，多くのサンゴを水槽内で繁殖させるためには，まだまだ飼育技術や施設の改善が必要である．

施設を利用した試み

　サンゴの産卵は，群体の各ポリプからほぼ一斉にバンドルが放出されるが，串本周辺海域に優先するクシハダミドリイシの大群生地における産卵は圧巻である．毎年新聞，TV等に情報を流しているが，この産卵

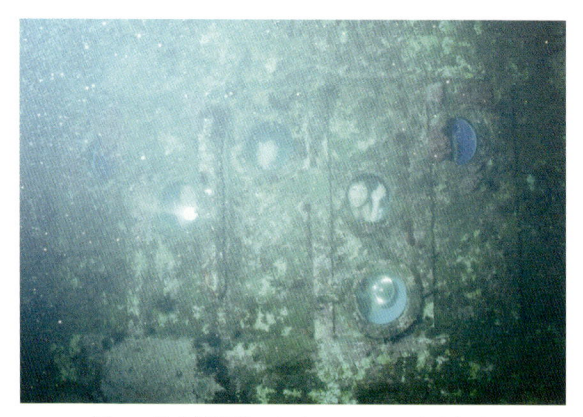

図5 海中展望塔におけるサンゴの産卵観察

シーンを見て戴くために,ダイバーや職員およびその家族を対象に,海中展望塔を解放してみた(図5).ところがTVやVTR,映画などで見る産卵シーンは鮮明であるのに対して,展望塔から見る自然の海ではプランクトンや浮遊懸濁物が多いため,サンゴの卵との区別が困難であり,やや不評に終わった.TVや映画などではクローズアップで撮影するため,ほとんど浮遊物は写らず,鮮明な画像が得られているわけだ.展示水槽における産卵は,産卵する種数が少なく,放出が水面近くであるため観察し難いという問題点はあるが,観察した一部の職員によると,流れや浮游懸濁物がなく,また産卵がはじまると照明をつけるために,水槽内は明るく,バンドルがゆっくりと上昇していくシーンが観察できると,好評であった.

今後,問題点を解決して,これらの施設を利用した観察会を開催し,観察者とともに感動し,自然の尊さを訴えていきたい.また水槽内に放出された受精卵を採取し,卵や稚サンゴの発生過程を研究するとともに,それらを飼育して展示につなげたいものである.

参考文献

Babcock, R. C., 1985. Growth and mortality in juvenile corals (Goniastrea, Platygyra et Acropora): the first year, Proc. 5th Int. Coral Reef Congress, Tahiti, 4: 355-360.

Babcock, R. C., A. J. Heyward. 1986. Larval development of certain gami-

spawning scleractinian corals. Coral Reefs. 5: 111-116.
Babcock, R. C., Andrew H. Baird. Srisakul Piromvaragorn, Damian P. Thomson and Bette L. Willis, 2003. Identification of scleractinian coral recruitus from Indo-Pacific Reefs. Zoological Studies 42 (1): 211-226.
Harrison, P. L., R. C. Babcock, G. D. Bull, J. K. Oliver, C. C. Wallace and B. L. Willis. 1984. Mass spawning in tropical reef corals. Science. 223: 1186-1189.
Hayashibara, T., K. Shimoike, T. Kimura, S. Hosaka, A. Heyward, P. Harrison, K. Kudou and M. Oomori. 1993. Patterns of coral spawning at Akajima Islands, Okinawa, Japan. Marine Ecology Prog. Ser., 101: 253-262.
Heyward, A. J., K. Yeemin and M. Minei. 1987. Sexual reproduction of corals in Okinawa. Galaxea. 6: 331-343.
御前洋．1989．串本で観察されたイシサンゴ類の産卵について，マリンパビリオン．18. 58-59.
御前洋．1990．串本で観察されたイシサンゴ類の産卵について（1990年）．マリンパビリオン．19. 58-59.
御前洋．2001．生後6年で初めて配偶子を放出したオヤユビミドリイシについて．海中公園情報．132：18-20.
Wallace C. C., 1989. Reproduction, recruitment and fragmentation in nine sympatric species of the coral genus *Acropora*. Marine Biology. 88: 217-223.
Willis, B. L., R. C. Babcock, P. L. Harison, J. K. Oliverand, C. C. Wallace. 1985. Patterns in the mass spawning of corals on the Great Barrier Reef from 1981 to 1984. Proc. 5th Int. Coral Reef Symp., Tahiti, 4: 343-348.

第IV部
水族館生まれの生き物たち

　水族館と同様に動物園も生き物を展示している．これら動物園で展示されている動物の半数は，飼育下で生まれた個体であるといわれている．これに対して，水族館で展示されている動物の大部分は，自然界から採集されてきた個体である．人間活動の増大によって，水界においても急速に自然が失われつつある．このような状況から，展示生物を野外から採集してくることをできるだけ少なくして，水族館で飼育水族を繁殖させることが重要な課題となっている．第IV部では，水族館での水族の繁殖事例を紹介する．第9章では，海水浴場で厄介者扱いされるクラゲを，飼育担当者の熱意により水槽展示と繁殖で独自性を打ち出し，水族館の目玉展示にまで持っていった活動の紹介をしていただいた．第10章では，地味ではあるが，おおよそ知らない人はいないであろう大衆魚のサンマを，水槽内で産卵させて，世界ではじめて累代飼育に成功した業績を紹介してもらった．飼育担当者が試行錯誤の末に開発したPVCパイプ製のサンマの産卵床は，北海道厚岸にある栽培センターでも利用されている．身近な食卓に上る魚の繁殖技術を確立したばかりか，栽培漁業の現場にまで還元している．水族館のもつ技術レベルの高さを示す好例であろう．水槽の中を泳ぎまわる水生生物の赤ちゃんを育てるために，飼育担当者がどれだけ苦労をしているか．その努力と熱意が伝わってくる第IV部である．

第9章

クラゲの展示と繁殖

奥泉　和也

　1997年に開催した特別展,「サンゴと珊瑚礁に棲む魚達」がクラゲの飼育をはじめるきっかけだった. その特別展のオープンが迫ったある朝,私はいつものように水槽の見回りをしていた. 死んだ魚を取り上げ, 生物や飼育機材に異常がないか, 1つひとつ丁寧に水槽を見回りした. はじめて「それ」を見たとき一瞬言葉を失った. サンゴ水槽の照明の真下に, 数ミリの見たこともない生物が, 力強く泳いでいた.「数ミリのポリプがサンゴなどに付着して水槽に入り, 増えてクラゲを出芽させたのだろう, 多分サカサクラゲだよ」と他の水族館の飼育係が教えてくれた. 水槽内で見つけたポリプは, 別の容器に収容し飼育した. ポリプは簡単に増殖して, ものすごい勢いで増えていき, たくさんの子クラゲを作った. 遊離したクラゲも餌をよく食べ, 傘の直径が500円玉の大きさに成長し展示することになった. 展示水槽に入れ見学者の反応を見ていると, なんと他の水槽より滞在時間が長いではないか. じっくり時間を掛けて観察してくれている. 私たちは, クラゲが他の生物にはない不思議な魅力を持っているのだと確信した. こうして加茂水族館のクラゲ展示がはじまった. 2007年, クラゲと出会ってから10年. 現在30種のクラゲを常設展示している.

クラゲ展示の歴史

　クラゲ飼育展示の歴史は古く, 20世紀初頭から試みられていた. ヨーロッパでは1906年以前のナポリ水族館, 日本では1903年以前の堺水族館

Exhibiting jellyfish and reproducing them in captivity.

で展示されていた．ともに4種類程度のクラゲを展示していたが，それは採集してきて死ぬまでの短期間の展示だったと考えるのが自然だ．それでも当時の飼育技術を考えると担当者の執念の展示といえよう．

水族館で安定したクラゲ展示が可能となったのは，東北大学理学部付属浅虫臨海実験所の柿沼好子（後に鹿児島大学名誉教授）の功績による．水温を下げることでミズクラゲのポリプから実験的にクラゲを遊離させる方法を発見したのだ．1961年に発表されているこの画期的な発見以降，いつでもミズクラゲが入手できるようになった．その後，1967年8月，東北大学付属浅虫水族館の指導のもと上野動物園水族館の安部義孝（現ふくしま海洋科学館長）がミズクラゲの生活環の常設展示の技術を確立した．多くのクラゲ類を繁殖させて展示することに挑戦し，数々の新しい飼育法を確立したのは江ノ島水族館だ．1973年にクラゲの常設展示をはじめ，後に改装し「クラゲファンタジーホール」と名付けられた専用展示室では10種類以上のクラゲを常設展示し，同時に多くの貴重な研究成果を残した．その業績は現在，新江ノ島水族館の「クラゲファンタジーホール」に引き継がれている．日本動物園水族館協会の第51回水族館技術者研究会（2007年2月新江ノ島水族館）において，加盟館のクラゲ類飼育展示についての調査結果が発表された．68館中58館で回答のあったアンケートの結果，これまでに飼育された種類数は刺胞動物147種，有櫛動物26種の計173種であった．いかに各水族館がクラゲ飼育に興味を持っているかがうかがえる数字である．外国ではモントレーベイ水族館が特に有名で，私が訪れた2002年には17種のクラゲを展示していた．背面にブルーフィルムを張り，その後ろから照明を当て無限の海を表現した世界最大のクラゲ水槽には，たくさんのパシフィックシーネットルが入れられており，とても幻想的な展示であった．今後さらにこの魅力的な生物を展示する水族館が増えていくことだろう．

クラゲの採集

「お盆がすぎるとクラゲが出るから海水浴は終わり」とか「秋になると巨大なクラゲが網に入り漁師は大迷惑」などという話を聞いたことがあると思う．これは，クラゲに季節的な消長があり，季節により出現す

る種が違うことを意味している．ここでは，山形県の庄内浜に四季折々出現する，代表的なクラゲとの採集方法を紹介する．

・春に出現するクラゲ（柄杓による採集）

厳しい冬が終わり，平野の雪も溶けはじめた庄内浜に春の訪れを告げるのは，傘経1cmほどのまん丸いドフラインクラゲだ．このクラゲが出現すれば，もう冬に戻ることはない．私たち北国の水族館職員にとって，サクラの花以上に春を実感できる生物だ．ドフラインクラゲは港湾内に出現し，運が良ければ数百個体の大量出現に出くわすこともある．このような小さなクラゲは，園芸用の柄杓に柄を足したもので，体に傷が付かないように海水ごとすくい取り，さらに小さなカップで掬い取り容器に種類ごとに入れる．大量に採集する場合は，バケツに水を張り，その中にポリ袋を入れ一杯になったら輪ゴムで口を締めクーラーボックスに入れて持ち帰る．短時間であれば酸素は必要ない．

・夏に出現するクラゲ（素潜りによる採集）

庄内浜の夏はとても暑く，気温も30℃を超え，波のない穏やかな日が続く．このような日は，ツノクラゲやオビクラゲなどの櫛クラゲ類を採

図1　A：素潜りによる採集，B：プランクトンネットによる採集，C：海水湖へ向かい山越え（パラオ），D：海水湖はクラゲの楽園

集する絶好のチャンスだ．特に用事がなければ毎日，小型の船で採集に出掛ける．沖の潮目や離岸堤，暗礁など海流が変化する場所がクラゲ採集のポイントだ．有櫛動物はとても壊れやすいのでシュノーケリングによる素潜りで採取を行うことが多い．水深0～10mの範囲で探索し，発見したら丁寧にポリ袋で採集する．潜水採集は，太陽の照り返しがなく見やすい，柄杓よりもクラゲを傷付けない，などの利点がある．また夏の暑い日に泳げることも魅力の1つだ．潜水採集は必ず2人以上で行い，1人は船上にいて潜水者の安全の確保と採集したクラゲの選別を行う．

・秋に出現するクラゲ（乗船採集）

秋，庄内浜には，傘の直径が1mを超えるエチゼンクラゲが，最近では毎年のように大量に出現し，漁業に被害を与えている．このクラゲにはイボダイやクラゲモエビなど多くの生物が付着生活をし，特にイボダイは，大きな魚に襲われたときはクラゲの傘の中に隠れ，空腹になるとクラゲを食べてしまうちゃっかりものだ．加茂水族館では，地元の定置網に入網したクラゲを付着生物とともに採集して展示している．大きなタルで掬い取るのだが，海水を含め重量は100kgを超えるので，船に備えたクレーンを使用しての採集だ．なお，加茂水族館の食堂ではエチゼンクラゲ定食を食べることができる．

・冬に出現するクラゲ（プランクトンネットでの採集）

冬になると庄内浜は北西の季節風が強くなる．風速10m以上の吹雪，気温は氷点下，6mを超える高波が打ち寄せる日が続き採集に行けないときが多くなる．それでも穏やかな日和のときは採集に出掛ける．狙うは体長数ミリのハシゴクラゲだ．このクラゲは，体に卵を付けたまま受精し発生が進み，金平糖のような形に変態し体外に放出される．この金平糖のようなものが成長して，ポリプと同様にクラゲを出芽させる．ハシゴクラゲの場合は，他のクラゲのポリプのように着生生活をしない．アクチヌラとよばれる無性生殖世代だ．ハシゴクラゲなど小型のクラゲは，主にプランクトンネットを使用して採集する．プランクトンネットに適当な長さのロープを付けて，堤防沿いでの水平引きや深い場所での鉛直引きにより採集を行う．投網の要領で沖合に向かって投げ入れる場合もある．

・クラゲカレンダーの作成

　以上のように，クラゲは種類により出現する季節があり，出現時期を外してしまうと，翌年の出現時期まで前海では採集できないことが考えられる．そのようなことがないように，水族館では，採集したクラゲの出現記録を作りクラゲカレンダーを作成している．クラゲカレンダーにより出現が予測できるようになり，他の施設との交換生物として，また生活史研究のためより確実に材料を確保することが可能となるのだ．

・パラオの海水湖に生息するクラゲの採集

　最近では前海の採集調査だけではなく，海外で採集調査を行うことも増えてきている．加茂水族館では，山形大学理学部生物学科の半澤直人さんたちと共同で，パラオ共和国の海水湖に生息しているクラゲの調査を行っている．海水湖は，約一万年前に外海と隔絶され，ここに生息している生物は，独自の進化をしている可能性がある．半澤さんは，海水湖に生息するクラゲと外海に生息するクラゲの遺伝子を調べ，進化の秘密を解き明かそうとしており，水族館では，クラゲを採集し繁殖法の研究をしている．その成果として，5種のパラオ産クラゲを繁殖させて展示している．余剰繁殖個体は，大学に研究材料として提供し，その研究成果を水族館の解説に使用している．水族館と大学が互いの持ち味を十分に生かした共同研究である．

・採集時の注意

　刺胞動物のクラゲ類には，ハブクラゲのように大変危険な種類もいるので，事前に採集する海域の情報を集め注意する．庄内浜でも，カギノテクラゲによる刺傷被害が多く報告されている．6〜7月に出現し，ホンダワラ属の海藻の中で付着生活を送り，浅いタイドプールにも多く生息しているので，水遊びをしていて刺されることが多い．私も刺されたことがあるので症状を紹介する．採集しているときはまったく何も感じなかったのだが，採集から帰り30分後，寒気がしたので体温を測ると40℃に達していた．体の節々が痛み，喉が腫れ呼吸困難になった．病院に行き，カギノテクラゲから刺されたことを告げ，処置をしてもらう．二泊三日の入院を余儀なくされた．完治するまで10日もかかってしまった．本当に死ぬかと思った．現在，このことを教訓にし，クラゲに触れるときは必ず手袋を着用している．

庄内浜クラゲカレンダー　2002～2006

種	1月	2月	3月	4月	5月	6月	7月	8月	9月	10月	11月	12月
刺細胞動物門												
ヒドロ綱												
ハシゴクラゲ	***	**	***	**								
サルシアクラゲ			*									
エダアシクラゲ					***	***	***	**				
ドフラインクラゲ			***	***	***	***						
シミコクラゲ		**	*									*
エボシクラゲ						*						
ハナアカリクラゲ				**	*							
ウラシマクラゲ												*
カミクラゲ					*							
ギンカクラゲ									***	***		
フサウミコップ					*	**	*		*			
ヒラタオベリア	*		*									
オワンクラゲ			*	**	***	***						
ヒトモシクラゲ										*		
シロクラゲ				***	***	*						
ハナクラゲモドキ				**	*	*						
カミクロメクラゲ			**									
ミサキコモチクラゲ								**	***			
エダクダクラゲ			*									
カギノテクラゲ					***	***	***	**				
ハナガサクラゲ								*	*			
コモチカギノテクラゲ						**		**				
ツリガネクラゲ		*	*		**	**	*					
ヒメツリガネクラゲ							*					
カラカサクラゲ								*		**	***	**
ヤジロベエクラゲ						**				*		
ニチリンクラゲ						**				***		
フタナリクラゲ										*		
ヨウラククラゲ					*				*	*		
箱虫綱												
アンドンクラゲ								***	**	*		
鉢虫綱												
ジュウモンジクラゲ					*	*						
ユウレイクラゲ								*				
アカクラゲ				*	*	***						
オキクラゲ					*	**						
ミズクラゲ			*		*	***	***	***	***	**		
スナイロクラゲ								**	**	***	**	
エチゼンクラゲ	*								***	***	***	***
有櫛動物門												
有触手綱												
オビクラゲ							*	*	*			
フウセンクラゲ			**	**	**	***	**	*	**	***	**	
カブトクラゲ								*	*	***	***	
キタカブトクラゲ			*	***	***	*						
ツノクラゲ								**		**	**	
チョウクラゲ					*	**	*		**			
無触手綱												
ウリクラゲ		*		**	**	*	*		**	***		
アミガサクラゲ				*	**	**		**	**			

採集及び日視による月の出現総数
＊＝1～9個体　＊＊＝10～99個体　＊＊＊＝100個体以上

文中に登場するクラゲたち - 1

サカサクラゲ	ミズクラゲ
パシフィックシーネットル	ドフラインクラゲ
ツノクラゲ	オビクラゲ
ハシゴクラゲ	カギノテクラゲ

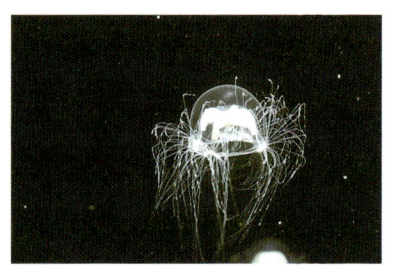

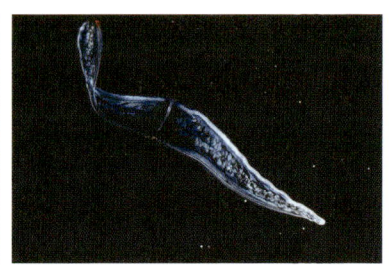

文中に登場するクラゲたち - 2

スナイロクラゲ

キタミズクラゲ

タコクラゲ

イボクラゲ

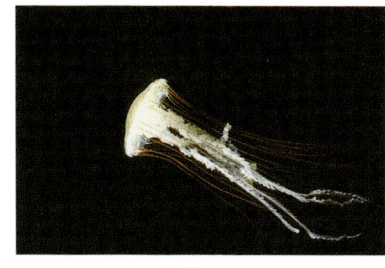

ヤナギクラゲ

ウラシマクラゲ

ウリクラゲ

カブトクラゲ

クラゲの繁殖と育成および飼育

クラゲの安定した展示を行うには，採集のみに頼らず，各種クラゲのポリプを飼育し繁殖によりクラゲを得ることが重要だ．そのためには，各種クラゲの生活史を知ることが必要である．毎年庄内浜に出現するスナイロクラゲの繁殖法を例に，水族館ではどの様にしてポリプを得てクラゲを作り出しているか説明しよう．

スナイロクラゲは，雌雄により有性生殖を行う世代（クラゲ）と，着生し無性生殖を行う世代（ポリプ）があり，それが交互に現れる世代交番をする生物である．

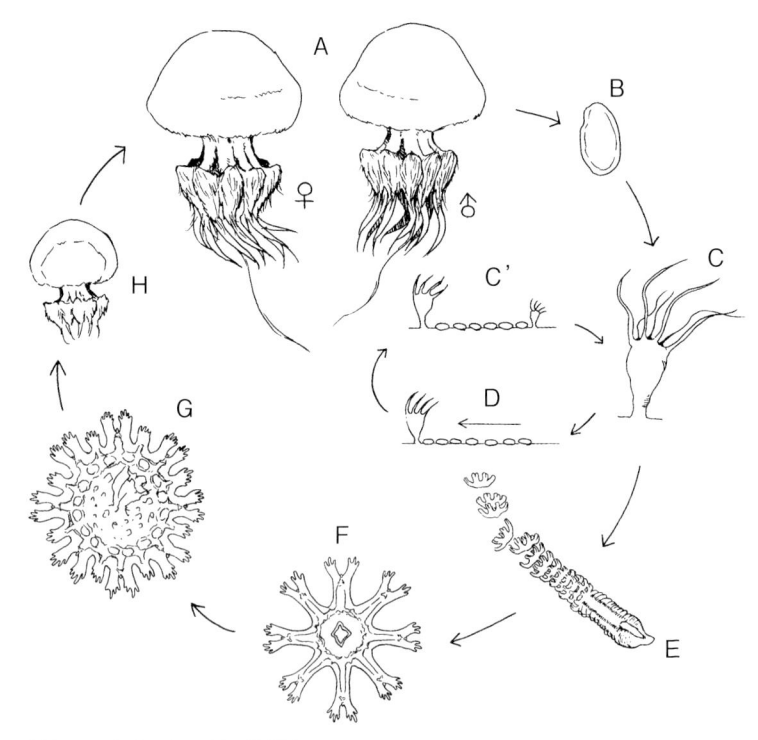

図2　スナイロクラゲの生活史
　　　記号の説明　A：成熟したクラゲ，B：プラヌラ（胚発生による幼生），C：若いポリプ，C'：ポドシストからの出芽したポリプ，D：ポドシストを残し移動，E：ストロビラ，F：エフィラ，G：メテフィラ，H：稚クラゲ

① 成熟したスナイロクラゲに光刺激を与え，約1時間後放精放卵し受精が行われる．
② 光刺激から2時間後，早いものは卵割を開始する．
③ 6時間後，プラヌラに変態し活動を開始する．
④ 2～3日後プラヌラは着生を開始しポリプに変態する．
⑤ やがて触手16本のポリプに成長し，1カ月後ポドシストを残しながら移動を開始する．（後にポドシストからポリプが出芽し無性生殖を行い増殖する．）
⑥ 2カ月後，早いものは横分体を形成しエフィラを遊離させる．

このようにスナイロクラゲは，光刺激により放精放卵を行うので，成熟した雌雄を採集し，水槽で飼育することにより，いつでも受精卵を得ることができる．また，得られたポリプを20℃で飼育することにより，ほぼ周年クラゲを得ることが可能だ．このように水族館では，クラゲの受精卵やプラヌラを採取しポリプを得，無性生殖によりポリプを増殖させ，同時に計画的にクラゲを遊離させ，育成し展示している．代表的なクラゲのポリプの採り方とクラゲの育成について説明する．

1） 受精卵およびプラヌラの採取法

水族館では，クラゲを飼育している水槽にポリプが自然発生することが多い．しかしこの場合，得られたポリプからクラゲが出芽してはじめて種が確定することが多い．各水槽間で使い回している掃除器具やピペットなどから，他のクラゲのポリプが入り込むことが考えられるからだ．このため水族館では，目的のクラゲから直接受精卵やプラヌラを採取し，ポリプを収集している．

① ミズクラゲやキタミズクラゲは保育嚢にプラヌラを保育し，タコクラゲやイボクラゲは口腕にプラヌラを付着させているのでピペットで直接採取する．
② スナイロクラゲやヤナギクラゲは光刺激を与えてから放精放卵するまでの時間が決まっており，放精放卵を確認してから海水ごと受精卵を採取する．
③ エチゼンクラゲは，つねに水槽内に受精卵が浮遊しているので雌雄を揃え飼育し受精卵を採取する．
④ カギノテクラゲなど小型のヒドロクラゲなどは，ビーカーやシャー

レなどに入れ遮光した後に光刺激を与えて放精放卵を促す．
⑤ウラシマクラゲなど小型のものは輸送中に放精放卵し，到着時にプラヌラに変態していることも多いので，輸送の場合には袋に複数個体を入れる．
⑥クラゲのサイズに合わせた容器に成熟した雌雄を入れ，24時間程度止水で飼育しプラヌラを採取する．

2） ポリプへの変態

採取した受精卵およびプラヌラは，他の生物や汚れを混入させないように，顕微鏡下でピペットを使用して濾過海水を入れたシャーレに数個体ずつ取り分ける．プラヌラの入ったシャーレは，採集時の温度を参考に設定した恒温箱に保管しポリプに変態するのを待つ．

プラヌラは水表面のバクテリアフィルムに着生しポリプに変態することが多いので，撹拌してシャーレの底面かスライドグラスに着生させる．観察の必要なポリプは，シャーレに着生させると顕微鏡で観察しやすい．

3） ポリプの飼育管理とクラゲの育成

シャーレや小型のプラスチック密閉容器などに着生させたポリプは，ビーカーなどの容器に海水を入れ，ガラス棒などで隙間を作り逆さに伏せ，またスライドグラスに着生させたポリプは，発泡スチロールなどに固定し水面に浮かべると，餌の食べ残しが下に落ちるので，ポリプの周辺を清潔に保つことがでる．このとき，内径4mmのガラス管で弱い通気を行い適度な水流を付けることが重要だ．また，飼育環境の悪化などによりポリプが消滅することも考えられるので，危険分散のために2つ以上の容器に収容すると安心だ．

ポリプと遊離した稚クラゲの飼育管理の方法は，大量に必要な場合と，少数個体を確保するだけの場合で，手間のかけ方が大分違う．

①ミズクラゲの繁殖（大量生産の場合）

ポリプの着生基質は，網目10mm程度のトリカルネットをビーカーの幅より少し大きめに切り，立てて使用すると汚れが付着せずそのまま生活史の展示に使うこともできる．

通常ポリプは20～25℃で飼育し，1日1回アルテミアを飽食させ，その4～5時間後，100％の換水を行う．ポリプを10～15℃の水温で飼育すると約1カ月でストロビラに変態しクラゲを遊離する．

文中に登場するクラゲたち-3

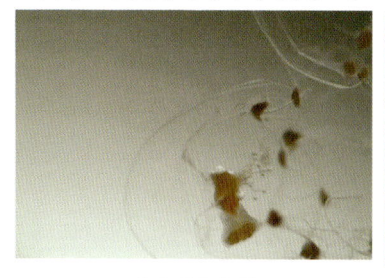

シミコクラゲ

ハシゴクラゲのアクチヌラ

エチゼンクラゲの繁殖個体

オキクラゲ

図3　A：ポリプの飼育，B：遊離後のクラゲの育成，C：ウォーターバスに入れたポリプの容器，D：クラゲの中間育成水槽

遊離1週目までのクラゲは3リットル，2週目までは5リットルのビーカーに150個体収容し，多くのクラゲが必要であればビーカーの数を増やす．給餌，換水は毎日行う．換水の際，クラゲの取り上げは，目の細かい柔らかな魚用のネットを使用する．通気し弱い水流を作り飼育する．3週目以降は，濾過槽の付いた容量約100リットルのクラゲ水槽に入れアルテミアを1日2回与え飼育する．このときの収容密度は1リットルに対し5個体以内としている．3週間後，綺麗に育ったクラゲを選別して展示水槽に収容する．

②ミズクラゲ以外の繁殖（少量生産の場合）

　ポリプは，シャーレやスライドグラスに着生させ，4リットル程度のポリ果実酒用容器に入れ弱い通気をして水流を作り飼育する．ポリプを入れた容器は，各種クラゲの適正水温に合わせたウォーターバスに収容する．ウォーターバスは5，10，15，20，25，30℃を用意し，さらに微妙な温度コントロールが必要な場合は，恒温箱を使用する．加茂水族館のクラゲ研究所の室温は，常に23℃に設定され，室温で育成する種も多い．

　ポリプは，週3回アルテミアを与え，週1回100％の換水を行い飼育する．飼育繁殖施設には限りがあるので，大量生産する必要のないクラゲは，展示に必要な数量を決め育成する．ポリプの換水時に，遊離したクラゲを回収し，直径35cm幅16cmの太鼓型水槽に30個体程度収容する．円周に沿うように弱い送気を行い，大きく淀みのない水流を作り飼育する．1日1回アルテミアを与え，週1回100％の換水を行い，2週間ほど飼育する．クラゲの数が少ないので，ネットではなく内径8mm程度のピペットを作り丁寧に回収する．この方法は，管理の手間を省くため週1回の換水としているが，事前に水質が維持できる給餌量を求めておき，その餌の量から健康的に成長させられるクラゲの数を算出し安全に飼育できることが前提となる．また，ポリプ世代を持たないオキクラゲも同様に育成が可能である．さらに大きくなるクラゲは濾過装置付きの水槽に入れ，展示サイズに成長するまで中間育成する．このとき，ユウレイクラゲなどのクラゲ食のクラゲには，最初から口の大きさに合わせたミズクラゲの切り身や，繁殖させたシミコクラゲなどを与える．成長し展示水槽に移動したクラゲには，栄養を強化したアルテミアを与えて

いる．ユウレイクラゲ属やオキクラゲ属のクラゲは，ミズクラゲの切り身を与えると成長が早くなる．クラゲの切り身は，水槽内に漂い美観が損なわれるので夕方与えるようにしている．3〜12月に庄内浜で大量に採集できるハマアミ類も良い餌で，ギヤマンクラゲに与えると1月後には傘の直径が6cmに成長する．オキクラゲ属のクラゲも，このハマアミをよく食べるので週1回与えている．

　現在のところ，繁殖技術の確立されていない有櫛動物門のクラゲの飼育展示は，専ら各水族館の自家採集によって行われている．有触手綱に分類されるツノクラゲやカブトクラゲ等は，毎日生きたアルテミアや小型のハマアミを与える．無触手綱に分類されているウリクラゲ等は，カブトクラゲなど他の有櫛動物のクラゲを食べるので，大量に採集したときに与える．また，ウリクラゲの餌生物を常時確保することは困難なため，絶食飼育を行うことが多い．この場合水温10℃以下で飼育し代謝を抑えると比較的長期飼育が可能だ．

クラゲの展示水槽と展示

　クラゲ水槽の設計は，各種クラゲの遊泳力に合わせた水流を作り，クラゲを見やすい場所に定位させることが重要である．加茂水族館では，2000年，2005年のクラゲ展示室リニューアルの時に設計したオリジナル水槽を使用しているがおおむね良好である．水質の維持のため常時天然海水を掛け流しているが，水温や比重の変化などでクラゲが上手く浮遊することができなくなり，体を傷付ける時もあるので，収容生物の量に見合った濾過槽やプロテイン・スキマーなどを設置する．照明は，体内に共生藻を持つタコクラゲなどは，自然光や良質な照明を強く当てるが，他は汚れを防ぐため照度を低く抑える．小型のクラゲを展示するには直径20〜35cm幅5〜16cm程度の太鼓型水槽を水槽に入れ温度を調節するウォーターバス方式が良い．水槽の円に沿って弱い通気を行い，水流を作る．太鼓型水槽を薄いものに換え二重に設置すれば，多くの種類を展示することが可能で融通が利く．

　水族館のクラゲの展示は，クラゲそのものを見せるだけでは完成しない．ミズクラゲの生活史の各ステージを展示する試みも古くから行われ

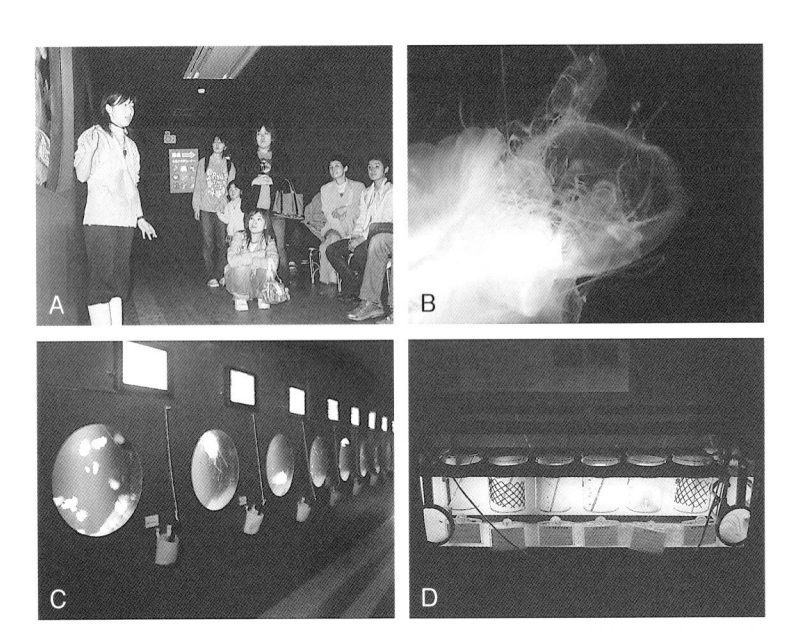

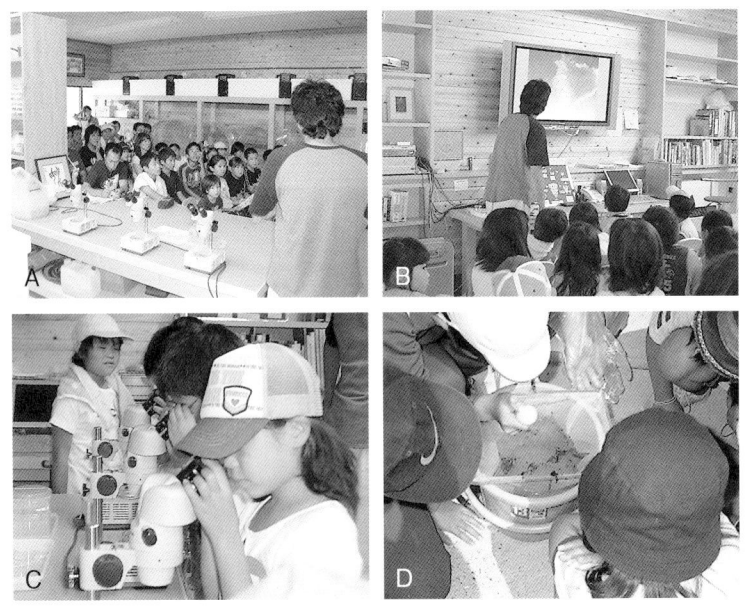

図4　A：ミズクラゲの摂餌の解説，B：ユウレイクラゲの摂餌の展示，C：小型のクラゲ水槽，D：ミズクラゲの生活史及び小型クラゲの展示

図5　A：クラゲの学習会，B：顕微鏡の映像をモニターに映し解説，C：実体顕微鏡でストロビラの観察，D：前海に出てサンプリング

ている．加茂水族館では，クラゲから直接クラゲを出芽させて増殖するシミコクラゲの常設展示や浮遊するアクチヌラから出芽し増殖するハシゴクラゲの季節展示等，各種クラゲの生活史の展示を行い，観覧者にクラゲの不思議な生活史を通して，生命現象に興味を持っていただけるような展示を模索している．また，生活史の展示に止まらず，1日2回ミズクラゲにアルテミアを与え解説を行っている．比較できるようにミズクラゲ水槽を2本用意して一方の水槽には30分前に，もう一方には解説しながら餌を与え，触手，口腕，胃腔，水管系等，クラゲの体の構造をわかりやすく説明している．さらに，そのミズクラゲをユウレイクラゲの餌として与え，摂餌を観察しながらクラゲ類の多様な食性についての解説も行っている．今後，さらに興味を引く展示を心がけたい．

クラゲの学習会

館内に併設している鶴岡市クラゲ研究所では，顕微鏡やコンピュータを使い，クラゲの繁殖方法や庄内浜に出現するクラゲの生態等を学習するクラゲ学習会を行っている．時間があれば前海でクラゲを捕まえ，研究所に持ち帰り，顕微鏡で観察する．

クラゲの生命現象そのものを見せる学習会は評判をよび，学校団体だけではなく，地域の子供会や婦人会，老人クラブなどの利用も増えてきた．今後，クラゲの展示や学習会をさらに充実させ，より生物に関心を持っていただけるようにしていきたい．

参考文献
ジェリーフィッシュ．2006．クラゲの不思議―海を漂う不思議な生態．技術評論社．東京．255 pp.
柿沼好子．1961．浅虫付近に見られる腔腸類，Hydrozoa 及び Scyphozoa．青森県生物学会誌．4（1・2）10～17
久保田信．2000．刺胞動物門・有櫛動物門．白山義久（編）．無脊椎動物の多様性と系統（節足動物をのぞく）．裳華房．東京．pp. 108-117
久保田信．2006．宝の海から―白浜で出会った生き物．不老不死研究会．和歌山．233 pp.
並河洋・楚山勇．2000．クラゲ ガイドブック．株式会社ティビーエス・ブリ

タニカ．東京．118 pp.
坂田明．1994．クラゲの正体．晶文社．東京．133 pp.
鈴木克美．1994．水族館への招待—魚と人と海．丸善．東京．241 pp
鈴木克美・西源二郎．2005．水族館学・水族館の望ましい発展のために．東
　　海大学出版会．神奈川．431 pp.
鈴木庄一郎．1979．山形県海産無脊椎動物．たまきび会．山形．370 pp.
内田亨．1936．日本動物分類・鉢水母綱．三省堂．東京．94 pp.
安田徹．2003．海のUFOクラゲ—発生・生態・対策．恒星社厚生閣．東京．
　　206 pp.

第10章

サンマの飼育と展示

津崎　順・松崎　浩二

　サンマと人間との関わりは古く，300年以上前に紀州熊野灘で漁がはじめられた記録がある．戦後は，光に集まる習性を利用した漁法の開発により漁獲量が飛躍的に伸び，日本の重要な水産物の1つになった．サンマは太平洋側では温暖な海域で産卵し，稚魚は黒潮にのって北上，ついには親潮海域に到達する．親潮海域は，水温が低いものの餌となる動物プランクトンが豊富であるため，この海域でたっぷりと餌を食べて成長し，今度は産卵のため南下する．このときに通過する親潮と黒潮の潮境，「潮目の海」が漁場になる．つまりサンマは，黒潮と親潮の両方を生活の場として利用し，さらに潮目の海が「人との関わり」，つまり漁場となり，ふくしま海洋科学館の展示テーマ「黒潮と親潮の出会い〜潮目の海〜」によく合致した魚といえる．また水族館が立地する小名浜港は，全国でも有数のサンマ水揚げ量を誇ることから地元の魚としても重要である．

水族館で見ることのできなかったサンマ

　水族館におけるサンマの飼育研究は，松島水族館（宮城県）の他，いくつかの例があるが，いずれも予備飼育施設での飼育や短期間の展示などで，1年を通して本格的に行われたわけではなかった．
　では，なぜ今までサンマは，水族館で展示されなかったのだろうか．この理由は，大きく分けると3つある．
　1つは網ですくったり，手で触れたりするだけでウロコが取れてしま

Rearing and exhibiting Japanese Saury in an aquarium.

うことだ．スーパーで売られているサンマにはウロコがないため，ウロコがない魚と思っている人も多いが，これは漁獲時にほとんど剥がれ落ちてしまうからである．このような理由から，どのように採集するかが大きな問題であった．

2つ目は，大変神経質な魚であることだ．カツオやマグロ類，遊泳性のサメやエイ類は泳いでいないと呼吸ができない．小回りが効かずに水槽の壁面に衝突するなど水槽という限られた空間で生活するのが苦手である．外洋性の魚類であるサンマも例外ではなく，光や音に敏感に反応して水面からジャンプしたり水槽壁面に衝突する．サンマを海で採集できたとしても，狭い船の上でどのような水槽に入れて輸送するか，水族館の水槽では，どうすれば落ちついた状態で飼育できるかなどたくさんの課題があった．

3つ目は寿命が短いことだ．サンマの寿命は，1～2年と短命であり，夏から秋に漁獲される大きく成長したサンマを仮にウロコが落ちないようにうまく採集・輸送ができたとしても，その後の寿命は長くない．

飼育研究のはじまり

水族館が開館する2年以上前に，プレハブの小屋ではあるが「飼育困難生物実験施設」を作り，ここでサンマの飼育実験をはじめ県内の生物分布調査，飼育生物の繁殖研究を始めた．このような施設を準備したのは，今度開館する水族館が単に珍しい生物を並べるのではなく，きちんとした研究活動を行い，その成果をわかりやすく紹介することに力を入れたからである．

・高知県での稚魚採集

サンマをどこでどのようにして入手できるかを調べた結果，2～3月に高知県の定置網で稚魚が採集できる可能性があるとの情報を得た．稚魚であれば水ごとすくい取ることができ，輸送も寿命についても問題はない．そのような理由から，さっそく高知県の定置網に乗船したが，その年は前年の状況とは大きく異なり目標の300尾に対して50尾を採集できたにすぎなかった．現地の生け簀で餌付けて体力が回復した後に輸送することにしたが，採集時に受けたダメージや餌付かないなどの理由で

最終的に残ったのは3～5cmの稚魚17尾だけであった．

・**稚魚の輸送**

　輸送の方法は2つ考えた．1つは活魚トラックによる輸送，もう1つは航空便による輸送である．活魚トラックによる輸送は，ある程度遊泳面積を確保できるものの，高知県からの輸送となると時間がかかる．航空便による輸送は，その日のうちに実験施設に収容できる利点がある一方で，遊泳性の強いサンマを狭いビニール袋に半日以上入れておくことは，魚にとって相当なストレスを与えることになる．悩んだ末，輸送時間を優先して航空便で送る方法を選んだ．輸送は，稚魚3～5尾を海水とともにビニール袋に入れ，酸素を詰める酸素パックという方法にした．梱包する際は，光の影響を避けるために黒い袋で包み，温度変化を与えないように発泡スチロール箱に入れるなど細心の注意を払った．サンマの酸素パックによる輸送は，はじめてのことだったので正直不安だった．

　2個の大きな発泡スチロール箱に詰められたサンマは，福島空港に到着後，直ちに飼育困難生物実験施設に運ばれ水量$10m^3$水槽に搬入した．無事に到着したのは12尾であったが，この日から飼育研究の第1歩を踏み出した．

・**水槽飼育開始**

　高知県の生け簀での飼育を参考にして，飼育水温は20℃前後，餌にはアジ，アサリ，アミをミンチにしたものを日中4～6回与えた．これは，明け方漁獲したサンマは消化管内に何もないが，夕方のものはたくさん餌が詰まっているという報告から，昼間餌を食べる性質があること，胃を持たない魚で食い溜めができず，だらだらと動物プランクトンを食べると推測したからである．

　飼育してみると光に敏感に反応し，とくに水槽照明の点灯や消灯時に驚いて水面から飛び跳ねたり水槽壁面に衝突した．そのため400W水銀灯を昼間のみ点灯することをやめ，常時60Wの照明を使用することにした．また，窓から入る日差しにも反応するため実験施設のすべての窓に新聞紙を貼って遮光し，水槽もカーテンで囲うなど少しでも落ち着かせる工夫をした．

・**世界ではじめての水槽内繁殖に成功**

　水槽のサンマはその後順調に成長し，3カ月後には全長20cmを超え，

飼育開始103日後に産卵が確認されてサンマの水槽内繁殖が世界で初めて成功した．この高知県で採集したサンマは，最後の1尾が飼育284日後に死亡したが，この間に数々の飼育に関する情報を残してくれた．

地元小名浜沖での卵採集

　水槽内でサンマが自然産卵したということは，飼育環境がある程度整った証であった．しかし孵化仔魚の飼育技術を確立し，安定した供給が可能になったわけではない．

　サンマを周年展示するには，毎年どこかで採集しなければならないが高知県における稚魚採集は，確実に一定数を入手できるわけではない．そこで次に卵を採集する方法を検討した．もし卵を採集できれば，魚体を傷付けることなく輸送でき，稚魚よりも大量に収集することが可能だからだ．

　サンマは，磯に生えているホンダワラなどの海藻類が千切れて波間を漂っている「流れ藻」に産卵する習性がある．文献を調べると，小名浜近海での産卵時期は5月下旬〜7月上旬，水温が15℃以上の海域であることがわかった．そこで，福島県水産試験場が毎週発行している海況速報を参考にして，卵採集を行うことにした．

・船上作業

　採集は，漁船をチャーターして，事前にどこに流れ藻があるか，漁師に情報を収集してもらった．しかしながら海の状況は，毎日，いや毎時間，刻々と変化しているので昨日あった流れ藻が同じ場所に今日もあるとは限らない．船の上では，全員で目を皿のようにして流れ藻を探し，発見すると「流れ藻あった！」と大声で叫んで船長に知らせ，見失わないように指を指し続けた．

　船で流れ藻に近づくと，長い柄のついたタモ網やフックを使って引き上げるが，手のひらサイズから畳8枚分もあろうかという大きなものまである．サンマ卵は，流れ藻の大きさに関係なく付着しているので，小さい流れ藻だからといって見逃すわけにはいかない．逆に大きな流れ藻を苦労して船上に引き上げても，まったく卵が付いていないことも多い．船上に引き上げた流れ藻は，サンマ卵が付いているかどうか手際よく探

図1　流れ藻の採集

し，卵の付いた海藻だけをハサミで切り取りバケツに収容する．

　流れ藻採集はサンマ卵ばかりでなく，サヨリ卵，ブリやメダイの稚魚など様々な生物が採集できるためおもしろい．流れ藻は，まさに「海のゆりかご」だ．

卵の管理

　実験施設に搬入した卵は，よぶんな海藻をカットして専用の水槽で管理する．水温は，採集した海域を参考に16～18℃とし，エアーストーンを使い空気を送るが，空気の当たらない部分は酸素が欠乏して卵が腐ってしまった．そこで，寺院などの庭園にある「ししおどし」からヒントを得た造波装置を設置し，水槽内に波間を再現して酸素不足を解消できるように工夫した．

図2　造波装置を設置したサンマ卵管理水槽

仔稚魚の管理

・仔魚の育成

　孵化した仔魚は全長約7mm，頭を上にして水面上をフラフラしているが，半日も経つとしっかりと泳ぐようになる．多くの魚類の孵化直後の仔魚は，鰭が未発達で泳ぐことができず，体の色素もほとんどないことが多い．しかしサンマは，鰭も色素も発達し，すぐに餌を食べるなど完成した身体をしている．

　仔魚は水面下を遊泳するのが普通だが，育成水槽では壁面に頭をつけて泳ぎ続ける状態が続いた．このままだと，餌を食べられずに体力を消耗したり，吻端部（口の部分）を損傷する恐れがあるため，原因の究明に全力を注いだところ室内の照明が水槽壁面に反射し，それに反応していることが判明した．対策として水槽の色を透明から黒色にし，周囲を暗幕で囲って外光が水槽内に入らないようにした．また水槽の中央部に照明を設置したり水流を調節するなど色々な工夫をして遊泳が安定するように努めた．

・稚魚の移動

　成魚になると全長30cmを超えるサンマは，仔魚から成魚まで同じ水槽で飼育することはできない．孵化したばかりの仔魚は水量1m^3育成

水槽で飼育し，全長5cm以上になると10m^{3}水槽，全長10cmを超えると30m^{3}水槽へ移動する．この水槽間の移動が非常に難しく，ビニール袋やプラスチックケースなどを試したが，移動後にショック状態に陥り，ひどいときには4割の稚魚が死んでしまうこともあった．

　成魚を育成する水量30m^{3}水槽では，これまでの反省を生かして照明を徐々に明るくしたり暗くできる調光装置，水流を調整する配管，遮光カーテン，飛び出し防止フェンス，自動給餌機の設置など工夫を重ねた．

　このように失敗や工夫を重ねながら，卵から成魚への育成に成功したのである．

産卵床の開発

　次に私たちが考えなければならないことは，どうすればサンマの周年展示が可能になるかであった．サンマの寿命は1～2年であり，展示効果を考えると全長10cm未満の稚魚は小さすぎて展示に適さない．周年展示を行うには，繁殖時期をずらした2つ以上のグループを飼育し，予備水槽で常に繁殖させながら展示する必要がある．

　サンマが産卵する産卵床（卵を産み付けるもの）には，自然界と同じ流れ藻（ホンダワラ等の海藻類）が最適であることはわかっていたが，必要な時に入手できなかったり，海藻が腐って水質を悪くする可能性がある．そこで流れ藻に代わる産卵床を考案したが，作製にあたっては，次の3点に留意した．

　1．サンマが警戒せずに産卵するもの
　2．卵の管理がしやすいもの
　3．安価で入手でき，工作しやすいもの

　そこで最初に考えた産卵床は，ビニール製の人工海藻だ．しかしサンマは産卵するものの，ビニール自体がかさばって管理しにくい欠点があった．次にサンマが定置網のロープに産卵していたことを思い出し，ロープに浮きと重りを付けたところ，ボール状に産卵して，中心部の卵が酸欠で腐敗してしまった．この他にも発泡スチロールやビニールチューブを材料にしたものも実験したが，それぞれ欠点があり満足できるものではなかった．最終的には，塩ビパイプを輪切りにしてチェーン状にし

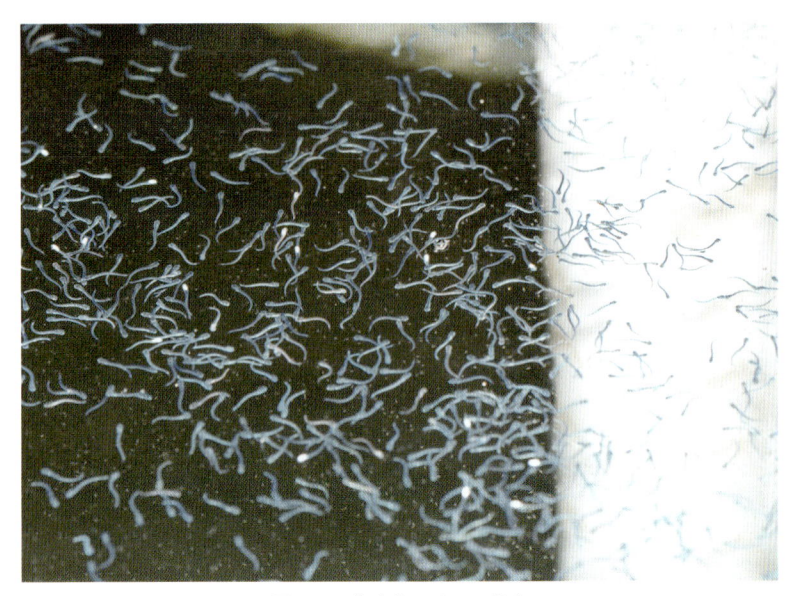

図3　フ化直後のサンマ仔魚

図4　産卵床と付着した卵

たタイプのものが水通しもよく，扱いやすいことがわかり，やっと期待通りの成果を上げられるようになった．

水温による産卵期の調節

　サンマは暖流海域（太平洋側では黒潮）で産卵し，その後北上して，寒流海域（太平洋側では親潮）で大きく成長し，再び南下して産卵を行うと文献にある．産卵シーズンは，秋から初夏といわれているが，これは1尾の雌が産卵する期間ではなく，日本周辺海域のどこかで夏以外は産卵しているサンマ群があるということである．

　そこで産卵期を調整するにあたり次のような仮説をたてた．
1. 暖流と寒流で生活するサンマは，水温に対する適応範囲が広い→ある程度，成長した後，水温を下げて飼育しても問題は生じない．
2. 寒流海域から暖流海域に入り産卵する→低水温では産卵がある程度抑制できる．
3. 産卵シーズンが長い→産卵季節が限定されない．

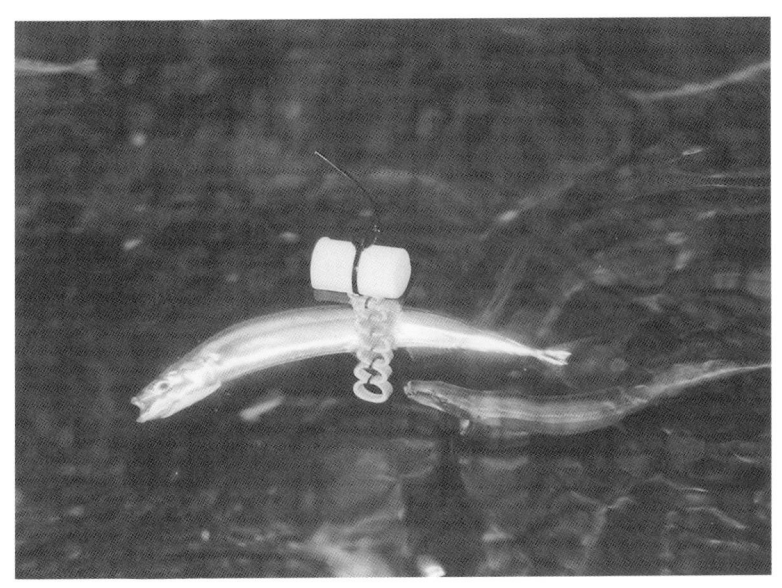

図5　水槽内での繁殖行動

実験の結果，孵化後20℃以上の高い水温で飼育すると半年ほどで産卵すること，水温を約10℃まで下げれば産卵を抑制したまま500日以上生存することがわかった．サンマの産卵時期をコントロールするには，水温を調整すればある程度解決できることが判明した．

　しかし，この結果を得るまで約3年を費やした．水族館の開館まで，残された時間はわずかしかなかった．

展示の問題点

　サンマの飼育技術についてはある程度の経験を積むことができたが，問題はこれからである．サンマは神経質な魚で，光だけでなく動くものにも特に敏感に反応して水槽壁面に衝突したり飛び出したりする．自然界で動物プランクトンを食べているサンマは，食物連鎖の中ではマグロなどの大型魚にいつも狙われる弱い存在なのだから警戒心が強いのも無理もない．予備水槽の中の行動を見ると，水面上の人間に対してはほとんど反応しないものの，水槽側面の小さいガラス面からそっとのぞいただけでも一斉に反対側の片隅に逃げてしまう．

　水族館の展示水槽のガラス面は大きく，しかも多くの来館者がサンマを見ることを考えると，どのようにしたら落ち着いた状態で展示できるのか，完成した水量60m^{3}水槽の前で頭を抱えてしまった．

行き詰まった展示

　サンマを落ち着いた状態で展示するには，人間からサンマは見えるが，サンマからは観覧通路の人間を見えなくすればよい．しかし，そのような方法はあるのだろうか？

　ここで以前，チンアナゴやトビハゼを脅かさないように展示するためにマジックミラーを使ったことを思い出した．マジックミラーを水槽のガラスに使用し，水槽内を観覧通路より明るくすると，外からは魚が見えるが，水槽の中からはガラスが鏡のようになるのだ．しかしこれにも致命的な欠点があった．それは，水槽内を明るくするとガラスは茶色い藻類ですぐ汚れることである．これを掃除するためにブラシを入れると，

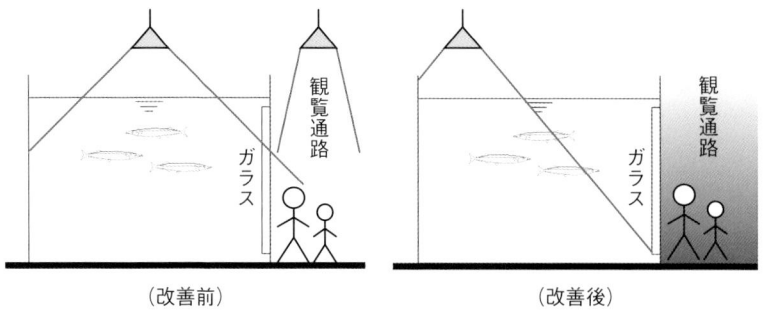

図6 サンマ水槽の模式図

それだけでサンマは驚いて狂乱状態になってしまう……．
　あと3カ月でオープンという頃，展示方法を巡って行き詰まってしまった．

照明位置の工夫

　「飼育困難生物実験施設」では，全長約10cmのサンマ500尾が展示水槽への移動を待っていた．しかしその展示水槽では，サンマを落ち着かせる方法がなかなか見つからず，水槽の前であれこれ考えたり，水槽の中に入ってサンマの立場から観覧通路を眺めては「サンマの飼育は成功しても，展示は無理なのか」と嘆く日々が続いた．
　開館まで3カ月を割った頃，夕方薄暗くなった隣のサンゴ礁の水槽をぼんやりと眺めていたときに，あるアイデアがひらめいた!!．
　当たり前の事であるが，暗くなるとすべての物体は見えにくくなる……水槽の中だけを明るくして観覧通路を暗くすれば，サンマからは人間の姿が見えないのではないだろうか．早速，観覧通路の照明を消し，次に水槽の天井に設置してあるたくさんの照明の組み合わせを変えて点灯実験を行った．すると水槽の奥，観覧通路から最も離れた場所の照明だけを点灯すると，水槽内の照明がガラス面を通して観覧通路の人間の姿を照らさず効果的であることがわかった．この方法はガラス面に照明が当たらないため，藻類が生えず，サンマがおびえるガラス掃除をしなくてもよいという，まさに一石二鳥の発見であった．

試験展示

　水槽の準備ができたところで，いよいよ展示水槽での試験飼育の開始である．飼育困難生物実験施設から30尾のサンマを慎重にビニール袋にすくい取り，酸素パックにして展示水槽に搬入した．開館まで2カ月を切っていた．予想通り，サンマは観覧通路の人間に対しては落ち着いていた．実験成功である．しかし，通路の解説パネルの照明近くを人間が通ると一斉に反応したため急いで対応した．数日後には，行方不明のサンマがいることが確認されたため，徹底的に調べたところ小さな隙間から濾過槽に流れ落ちたことが判明した．そこで細かいネットを取り付けたりと予想外のことが次々と起こった．

展示成功

　開館まで1カ月を切った頃には，展示水槽に300尾のサンマを移動することができた．その後もサンマの群れの動きに一喜一憂する日々が続いたが，開館時には世界ではじめて，飼育下で繁殖したサンマを無事展示することができた．

　水槽の前では，テレビや新聞の報道から「サンマは飼育が難しくて，これが世界ではじめての展示なんだって」とか，「サンマの泳ぎ方ってこんなだったのか！」と驚く声を聞くことができ，これまでの苦労を忘れさせてくれた．

サンマ展示の意味

　サンマは誰もが知っている大衆魚であるが，これまで水族館で本格的な展示は行われてこなかった．これは，サンマの飼育が難しいからというのも事実だが，どちらかというと珍しいもの，色鮮やかなもの，大きいものなど話題性を重視してきたからかもしれない．しかし，日本人にとって貴重なタンパク源である水産生物を，珍しくないから水族館で研究したり展示しても意味がないと考えることは間違っているといえるだろう．むしろこれからは，自然の恵みである水産資源を将来にわたって

持続的に利用するには，どのように環境問題を考えなくてはならないのかをわかりやすく解説したり，警告したりする必要があるのではないだろうか．水族館の新たな使命を垣間見るようである．

　サンマ展示の成功は，珍しい生物の話題だけを追い求める施設から，身近な生物で新しい発見ができる施設を目指す当館の姿勢を示すのに一役買ったといえる．

参考文献

堀田　秀之．1958．飼育実験によるサンマの成長について．東北水研研報，11：47-64．

小坂　淳．2000．北西太平洋におけるサンマの生活史とそれにもとづく資源変動の考察．東北水研研報，63：1-96．

根本　豊・栗田　豊・大関　芳沖・本間　隆之・林崎　健一・井田　斉．2001．サンマの耳石微細輪紋の形成様式．東北水研研報，64：69-78．

大関　芳沖・渡辺　良朗・久慈　康支．1991．頭頂部が白色のサンマ孵化仔魚の出現率と白色部分の組織学的特徴．東北水研研報，53：7-13．

巣山　哲・桜井泰憲．2000．西部北太平洋におけるサンマの耳石透明帯の形成時期．東北水研研報，63：97-108．

津崎　順．2000．サンマの飼育と展示Ⅰ．アクアマリンふくしまニュース，2(2)：2-3．

津崎　順．2000．サンマの飼育と展示Ⅱ．アクアマリンふくしまニュース，2(3)：1-2．

津崎　順．2001．サンマの飼育と展示Ⅲ．アクアマリンふくしまニュース，3(1)：1-2．

津崎　順．2001．サンマの飼育と展示Ⅳ．アクアマリンふくしまニュース，3(2)：1-2．

Watanabe, Y, Oozeki, Y, and Kitagawa, D. 1997. Larval parameters determining preschooling juvenile production of Pacific saury (*Cololabis Saira*) in the northwestern Pacific. Can. J. Fish. Aquat Sci. 54: 1067-1076.

Yusa, T. 1960. Embryonic deveropment of the saury *Cololabis Saira*. Bull. Tohoku Natl. Fish. Res. Inst. 17: 1-14.

第V部
水族たちの保全に取り組む

　水族館の役割の1つに，水族の保護と保全があげられる．第V部では，水槽展示のための水族の輸入にまつわる問題と，水族館における具体的な水生生物の保全活動について紹介する．この2章は他の13章とは多少毛色の異なる内容である．

　水族館は，展示用水族確保の上である程度輸入に頼らざるを得ない．しかし，現在日本が野生生物輸入大国として国際社会の中で必ずしも好意的な目で見られているとは限らないのも事実である．そこで，第11章では，以前トラフィックイーストアジアジャパンにおられた筆者に，野生生物の国際商取引にかかわる国際的なルールに関する解説をお願いした．本章は，熱帯魚愛好家にもぜひとも読んでいただきたい章である．第12章では，水族館における希少淡水魚保護の取り組みを紹介する．希少種の保全と保護のための繁殖方法の確立（担当者の熱意の賜物！）と，得られた飼育技術の他館との共有化にはじまり，他の園館と連携した保護組織の構築，現在直面している問題点などを，ちょっと熱めの筆跡で紹介している．雑魚の保全が日本の水辺を守ることにつながる．当たり前のことを改めて認識させられる第12章である．国際社会の一員としてのルールを守りつついかに水族を保全し，園館内で得られた技術を逆に自然へと還元するか．21世紀の水族館像が垣間見える第V部である．

第11章
生きた水産動植物の輸入に関わる諸問題
武藤　文人

はじめに

　水族館は楽しい．その理由の1つは，色々な生き物がいるからだ．水族館はあらゆる種類の水の生き物を収集・飼育し，展示する．水族館に行けば，人々は水の生き物について知識が深まり，情操も発展する．賢く，心豊かになる．これも水族館の役目の1つである．そのためには，ごく普通の生き物はもとより，人々が日ごろ目にすることのできないような，珍奇な生き物の収集も必要となる．

　水族館の生き物は，館内繁殖などの少数の例外を除いて外部から搬入される．国内外の様々なところからやってくる．（財）東京動物園協会の櫻井博氏によれば，（社）日本水族館動物園協会に所属の機関による魚類の飼育では，日本産は1643種・亜種，外国産は1039種・亜種で，合計2862種・亜種にのぼる．生き物を捕まえたり，飼育したりするには，様々なルールがある．また近年，生き物の移動，特に海外からの持ち込みが，大きく懸念され，また規制されるようになった．その理由とは何であろうか．

考えられる問題点

　生き物の中には，その個体数が少ないものもある．たとえば，特殊な生息環境に適応した生き物は，元来の個体数が非常に少ない．また，大昔の氷河や熱帯域の後退・縮小などの地学的なスケールの変動で，もと

Several issues on importing live aquatic organisms.

の仲間たちから切り離された小さな集団が高山帯や温泉地帯など限られた場所で細々と生き残った生き物もいる．一方，元来はごく普通の生物で数多く生息していたが，近年の開発などで生息できる場所が大幅に縮小してしまい，数が減ってしまった生き物もいる．このような生息数の少ない生き物たちを無分別に採集すれば，やがては全くいなくなってしまうだろう．

　生息数は十分でも，問題を引き起こす生き物がいる．生き物の中には，旺盛な繁殖力や食欲をもち，原産地以外のところでひとたび広がれば，その地域に壊滅的な影響を与える生物がいる．食料や遊漁（猟）のために意図的に野外に放され，あるいは飼育場から逃げ出した生き物が新天地で大繁殖し，現地の産業や景観に，大打撃を与えた例は多い．

　さらにごく当たり前のこととして，生き物には必ず微生物や寄生・共生生物がついている．この原産地ではあまり問題とならない「生き物についている生き物」たちも，新天地では新たな宿主を見つけ，しばしば深刻な被害を引き起こす．その被害を受ける宿主が，人間だという場合もあり得る．

　遺伝子レベルの問題も深刻だ．ある場所に限定して分布している「種」に属する個体が別の場所に放されたとき，近縁な別の種と交配することがある．何度も交配を繰り返すうちに，そこにいた生き物は，もとの生き物とは別の生き物となってしまう．このような異種の個体との交配は，滅多に起きないと考えられてきたが，研究が進むにつれ，意外に簡単に起きていることがわかった．見た目は変わらなくとも，中身はモザイク状に別の遺伝子になっていることもある．ある地域の生き物は，何十万・何百万年の年月をかけて，その場所に適応してきた．ここ十年で失われた遺伝子は，50年に一度の不測の事態に備えた遺伝子だったかもしれない．遺伝子に仕掛けられた時限爆弾である．事態をさらにややこしくしているのは，人間に遺伝子を操作された生き物の存在である．そのような生き物が交配して，操作された遺伝子が天然に広まったとき，何が起こるのだろうか？　詳しくは想像がつかないが，おそらく，とんでもないことになるだろう．

　生物は，また，資源でもある．我々は生物を食用とし，加工品の原料とし，あるいは薬品として活用している．遺伝子の研究は，生物の資源

第11章　生きた水産動植物の輸入に関わる諸問題　——　159

としての価値をいっそう高めた．例えば，一見，何の変哲もない生き物でも，難病がたちどころに治る薬効成分を生産する可能性を秘めている，かもしれない．生物の原産国は，無制限の生物の持ち出しを渋りはじめて当然だろう．

どの様な規制があるか

　野生生物が，水族館に来るまでの経路を概念的に示すと図1のようになる．先に，水族館の生き物はほとんどが野生起源と述べたが，実際には規制の対象となる種は，どこから来ていて，そして全飼育数のどれくらいの割合なのだろうか．葛西臨海水族園を例にとってみれば，飼育生物の国産と国外産の比率はほぼ1対1であり，その内，何らかの規制の対象となるのはごく少数である（櫻井　博氏，私信）．それでは，飼育生物は，どのような規制を通ってくるのだろうか．

　まず，国レベルでの規制をみてみよう．日本に生き物が持ち込まれるまでには，最初に，原産国でその生き物が捕獲され，輸送されなければならない．保護の対象種は，原産国の国レベルあるいは州レベルでの捕獲や輸送の許可が必要となる．日本の天然記念物は文化財保護法にその定義や保護について定められているが，当該国にも同様の規制がある．また日本国内の採集が都道府県の漁業調整規則に制限されるように，州レベルなどの採捕許可が必要となろう．

　次に，原産国から持ち出すときには，資源としての生物を重視する姿勢から，持ち出しが規制される場合がある．多くの国では，その国特有の生き物など特定の生物の持ち出しが，あるいは一部の国では野生生物全般の持ち出しが規制されている．近年，遺伝子も特許の対象と見なされるようになった．生物多様性条約（CBD）では，世界の生物の保護を定める一方，遺伝資源の原産国での権利を認めている．しかし，本条約は日本などの多くの国で批准しているとはいえ，批准していない国もある（米国など）．その結果，遺伝資源を持つ国は，自国の権益を守るために，生物の持ち出しに神経をとがらせている．近年は，国外の標本を用いて研究をする科学者は，原産国の研究者と共同で成果を発表せざるを得ない場合がある．これは生物多様性条約第15条第6項に従った，

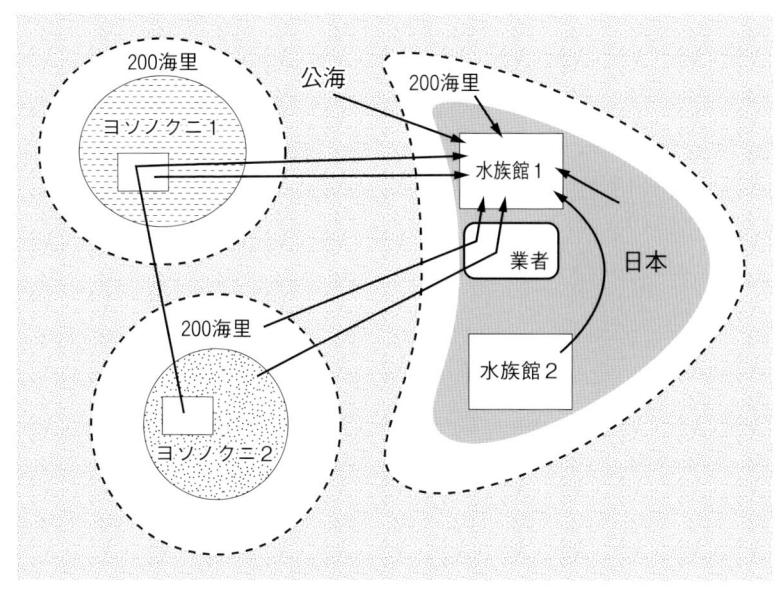

図1　水族館に生物が来るまで

各国の法による．これは手間がかかることだが，原産国の研究者が，従来は難しかった自国の生物の研究に参加できる，というメリットもある．
　次に，原産国の生物を，日本に持ち込むこととなる．輸入動物を原因とする人の感染症の発生を防ぐため，厚生労働省は近年（2005年9月1日），「動物の輸入届出制度」を導入した．哺乳類ではカモノハシやホッキョクグマが，鳥類ではペンギン類，ペリカン類，フラミンゴ類などが該当種となる．これらの生物から感染する病気には，狂犬病や鳥インフルエンザが考えられる．ウミヘビなどの人間に害のある生物は規制の対象となる（動物愛護法第26条）．植物防疫法では，作物などを食害する生物の輸入を禁止している．水族館の生き物では，ヤシガニやオカヤドカリ類は，植物防疫法の規制により海外からの輸入は規制を受ける．鳥獣保護法では，特定の生き物の輸入を規制するが（26条），水族館の飼育生物に該当する種は見受けられないようだ（同法施行規則27条）．近年，アユの冷水病やコイヘルペス病などの流行を受けて，水産資源保護法でサケ・マスやコイ科魚類，クルマエビ類の輸入には規制が設けられている．「特定外来生物による生態系等に係る被害の防止に関する法律」

第11章　生きた水産動植物の輸入に関わる諸問題——161

により，国外からの生物の持ち込みや飼育は，規制されるようになった．たとえば，ザリガニ類は，アマチュアの飼育家の水槽に愛翫されていたが，そのほとんどの種は，輸出入や飼育が大幅に制限され，ペットとすることは難しくなった．従来，このような規制はなく，問題のある生き物が故意に放流されたり，逃げ出してしまうことを，関係者は非常に危惧していたので，画期的な動きと考える．特定外来生物に代表される移入種問題で深刻なのは，一度起きてしまった移入の影響はほとんどの場合不可逆的であり，もとの状態に戻すのはきわめて難しいか，あるいは全く不可能な点にある．定着した移入種を取りのぞこうとしても失敗する場合が多い．さらには，移入種の天敵導入を試みて期待された効果は全く無いまま，その天敵が新たな移入種となり，さらに事態を悪化させている場合すらある．二度ともとには戻らないたとえとして，「覆水盆に返らず」というが，まさに移入種問題にこの言葉が当てはまる．このような事態は，遺伝的な操作をされた生物の導入でも引き起こされる．2003年に制定された「カルタヘナ議定書担保法」は，そのような生物の取り扱いを規定しているが，法制定以前から，メダカにクラゲの遺伝子を組み込んだ「発光メダカ」が輸入されている．それらのすべてが現行法の第4条で定められているような厳格な飼育環境下にあるとは考えられず，他の移入種の例と同様に野外に進出しない，とはいえないのが気がかりである．

次に，上記では述べなかった，国際的な規制をみてみよう．生き物の原産国からの輸出から他国への輸入までを総合的に管理するシステムに，ワシントン条約（絶滅のおそれのある野生動植物の種の国際取引に関する条約）がある．ワシントン条約は，同名で知られる軍縮条約もあり，正確を期す場ではCITES（サイテス）とよばれることが多い．本条約の目的は絶滅のおそれのある動植物の国際取引を規制することで，保護を行うことである．この条約の原型は1963年にできて，1975年から機能している．条約に参加する国々は，2010年11月現在175ヶ国である．日本の参加は1980年からである．

ワシントン条約には，保護すべき生物種が附属書I～IIIの3つの段階で，リストアップされている．リストに載った生物は，その生死に関わらず，その個体や部分（たとえば鱗）の国際取引が制限される．例外

として，サンゴなどの化石は除外される．

　附属書Ⅰは，最も保護すべき度合いが高く，輸入には輸出国の管理当局が発行する輸出許可書等および輸入国の管理当局が発行する輸入許可書が必要となるが，商業目的の取引には許可証が発行されないので，通常はほとんど国際取引ができない．学術研究目的の取引は許可される場合があり，水族館の生物も該当する場合がある．附属書Ⅰに掲載されている水族館関係の生き物には，2010年11月現在でカワイルカ属の全種やジュゴン，ナイルワニ，アジアアロワナ，シーラカンス属（*Latimeria* spp.）などがある．

　附属書Ⅱの掲載種の輸入には，輸出国の管理当局が発行する輸出許可書等が必要とる．ピラルクーやチョウザメ類（附属書Ⅰ掲載種を除く），タツノオトシゴ属の全種，メガネモチノウオ（ナポレオンフィッシュ），シャコガイ科の全種などが附属書Ⅱである．したがって以前，ペットショップのレジの脇などによくみられたピラルクーの鱗は，相当にいかがわしい品である．チョウザメの卵，すなわちキャビアも附属書Ⅱの取り扱いを受ける．附属書Ⅰの掲載種の（正規の）人工繁殖個体は，附属書Ⅱの取り扱いで取引される．アジアアロワナやメコンオオナマズでは正規繁殖個体が出回っているが，しばしば書類偽造の風聞もある．附属書Ⅱ掲載は，取引の禁止ではなく，管理・規制の側面が強い．附属書Ⅲは，保護すべき度合いが最も低く，必要な手続きは原産国の輸出許可である．附属書Ⅲへの掲載では，特定の国に生息する生き物を，他国の協力の下に貿易を管理し，保護に役立てている．附属書Ⅲの掲載種には，セイウチ（カナダ），クサガメ（中国），ミダノアワビ（南アフリカ）などがある．

　ワシントン条約関連の生き物の日本への輸入は，「外国為替および外国貿易法」に基づく「輸入貿易管理令」で管理されている．附属書Ⅰに掲載される生き物の輸入のときは，輸入貿易管理令第9条第1項に基づく経済産業大臣による輸入割当てと，同第4条第1項に基づく輸入承認を受ける必要がある．附属書ⅡやⅢに掲載されている生き物は，附属書Ⅰ掲載のものに比べて手続きは簡略で，経済産業大臣による事前確認，または税関長による通関時確認が行われる．ところで，通関の時に違法な個体が発見されると，しばしば所有権などを放棄する「任意放棄」が

行われる．任意放棄を行えば処罰されることはない．この制度には相当に批判が強く，諸外国と比べても処置が手ぬるいとの指摘があり，また，後に述べるような任意放棄された個体をどのようにするか，という問題が生じている．

ワシントン条約では，「海からの持ち込み」に関する規定がある．これは水族館に関連する事項なので，簡単に紹介したい．この規定は，「いずれの国の管轄下にない海域」で採取された生物の持ち込みを，「輸入」と同様に規制するという条項で示される．この規定でいう「いずれの国の管轄下にない海域」は，領海や経済水域に属していない海域，つまり公海を指す，と通常は考えられている．つまり，この規定に従えば，公海で捕獲や漁獲された海の生き物を，日本に持ち込む場合は，ワシントン条約の輸入と同様の手続きが必要ということになる．

現在，海からの持ち込みの規定は，必ずしも本来の機能を果たしていないように見受けられる．ここで，ワシントン条約対象種の海産生物のリストをみてみよう（表1）．ホホジロザメやウバザメは，附属書IIに載せられている．ところが，これらの種の分布を見ると海の中でも比較的に岸近くの，領海内や排他的経済水域（EEZ）内にほぼ限定されている．つまりこれらの生き物が附属書に載っていても，「海からの持ち込み」はほとんど考えられず，その点からは，いわゆる保護派が期待するように，ワシントン条約はそれら生物の保護のためにあまり役立っていない．その一方で，同じ理由から漁業関係者の懸念するような，公海漁業に対する規制という形にも至っていない．「海からの持ち込み」規定が該当する水族館の生き物には，ほかにはイルカ類を含む鯨類や，海亀などがあげられよう．海鳥類にも当てはまる．注意すべき点は，これらの生き物に「海からの持ち込み」規定が当てはまるのは，公海上で捕獲された場合に限定されることである．もちろん，附属書掲載種が他国の経済水域・領海内で捕獲されたときにはワシントン条約の「輸入」の規定が当てはまり，また日本の領海・経済水域内での捕獲には，ワシントン条約は無関係で，その規制は「種の保存法」や「水産資源保護法」に定められている．

以上のように，海外から生き物を持ち込む場合は，日本の批准する複数の国際条約とそれに関連する法律，そして国際条約とは関連しないさ

表1 水族館のワシントン条約対象種.経済産業省の貿易管理のホームページより抜粋（2010年11月）

	附属書I	附属書II	附属書III
哺乳類	カワイルカ類全種，スナメリ，おもな鯨類全種，カワウソ，カリフォルニアラッコ，ジュゴン，アマゾンマナティー，アメリカマナティーなど	イシイルカなど鯨目全種（附属書I掲載種を除く），ラッコなどカワウソ亜科全種（除・附属書I），アフリカマナティー，シロクマなどクマ科全種（除・附属書I掲載種）など	
鳥類	フンボルトペンギン，アホウドリ，ハイイロペリカン，コウノトリなど	ケープペンギン，フラミンゴ科全種など	
は虫類	ヨツユビガメ，ウミガメ科全種，ガラパゴスゾウガメ，エジプトリクガメ，クロスッポン，ヨウスコウワニなど	ミナミイシガメ，ギリシャリクガメなどリクガメ科全種（除・附属書I掲載種），インドシナスッポン，イリエワニのオーストラリア個体群などのワニ目全種（除・附属書I掲載種）など	ワニガメ（合衆国），クサガメ（中国），シャンハイハナスッポン（中国）など
両生類	オオサンショウウオ属全種，カメルーンヒキガエルなど	メキシコサンショウウオ（アホロートル），ヤドクガエル属全種など	
サメ類・魚類	ウミチョウザメ，バルチックチョウザメ，アジアアロワナ，メコンオオナマズ，シーラカンサス属全種など	ホホジロザメ，ウバザメ，ジンベエザメ，チョウザメ目全種（除・附属書I掲載種，キャビアも該当），ヨーロッパウナギ，ピラルクー，メガネモチノウオ（ナポレオンフィッシュ），タツノオトシゴ属全種，オーストラリアハイギョなど	
ヒル科		チスイビル	
貝類	トリバネヌマガイ，ハワイマイマイ属全種など	シャコガイ科全種など	
サンゴ類		アオサンゴ科・クダサンゴ科・クロサンゴ目・イシサンゴ目・アナサンゴモドキ科・サンゴモドキ科の化石を除く全種	モモイロサンゴ（中国），アカサンゴ（中国），シロサンゴ（中国），ミッドサンゴ（中国）

第11章 生きた水産動植物の輸入に関わる諸問題

まざまな法律を考慮する必要がある．たとえば，ペンギン類を輸入する場合，まず「動物の輸入届出制度」により，健康証明が必要となる．種別にみれば，南米のペルー・チリ・エクアドル原産のフンボルトペンギンは，ワシントン条約の附属書Ⅰに掲載されており，野生個体の輸入には厳しい制限がある．フンボルトペンギンはしばしば飼育下で繁殖するので，状況によっては附属書Ⅱの取り扱いで繁殖個体を輸入できるだろう．同じペンギン類でも南極原産のコウテイペンギンの場合は，附属書に掲載されていないことから，しばしば日本での個人の飼育に問題がないかのような論議がみられる．これはメルヘンな想像ではある．しかし「南極地域の環境の保護に関する法律」の第14条により本種の捕獲が禁止されており，違反した場合は同29条から一年以下の懲役または百万円以下の罰金の規定がある．また，同法ではペンギン類への接近も制限されていることを付け加えておこう．南極でペンギンを捕獲するには，外務大臣の許可が必要となる．また，日本以外の国でそのような生物を保持していた場合，日本では考えられないような重い罰則が言い訳無用で科せられるかもしれない．

裏庭からの憂鬱

　最近の水族館の楽しみ方の１つに，「バックヤードツアー」というのがある．バックヤードツアーでは，時間と人数を限定した上で，係員が水族館の飼育水槽の裏にある施設に案内してくれ，普段は見ることのできない飼育の様子をかいま見ることができる．生き物好きにはたまらない企画である．水族館では，展示されている生物の他に，交代用の生物や，飼育方法の確立のために実験的に飼育されている生物などが，数多くいる．水族館の裏側での飼育は，危機に瀕した生物の増殖に直接貢献し，あるいは，生態を解明することで，その生物の保護に役立っているのだ．しかし，ツアーに行かれた方は，アロワナ類やリクガメ類などの特定の種類の生物が，交代用や実験用のためには多すぎるほど飼われているのを，見られたかもしれない．

　法の施行により，違法に持ち込まれた生物は，外為法の規定で任意放棄されるか，没収される定めになる．多くの場合，彼らの出身地は確と

はわからない．よく似たほかの生物の生息地などの，本来の生息地ではない地域に彼らを放してしまえば，現地の環境に悪影響を与えるかもしれない．彼らには，もう帰るところがないのである．そのため，水族館が税関や地元警察署等からの依頼を受け，善意の第3者的立場でそれら生物を仕方なく引き取り，飼育しているのである．

　そのような「裏」世界の住人たちは，保護される前の過酷な飼育環境で，しばしば体の一部が湾曲したり，欠けたりしている．（そうでない場合は，時には，「裏」の世界から，表の展示生物に格上げされる場合もある．）ここでは，動物の愛護と環境の保護の相克が起きている．かつての「古典的な」動物愛護家であれば，そのような生き物たちを逃がして満足していたかもしれない．だが，私たちは，逃げた生き物が環境に深刻な影響を与えることを知ってしまった．今や，飼育者の責任は非常に重くなった．亀は万年，と，いうほどではないにしても，両生類や二枚貝には数十年の寿命を持つものがある．飼い主は，飼いはじめた生き物の寿命が尽きるまで，管理責任を負わねばならない．

　国の内外で，日本人が野生生物の違法取引に関与して逮捕されるニュースは，国民として実に暗澹たる気持ちにさせられる．ただでさえ，日本は欧米に並ぶ野生生物の大消費地である上に，それらとは異なる文化的背景と，対外的な説明の乏しさから，悪者として槍玉にあげられがちである．飼育愛好家は，襟を正していただきたい．

参考文献

尼岡邦夫・武藤文人．2003．世界のチョウザメ．（加除式バインダー形式），1-37 pp In 水産資源保護協会（編），ワシントン条約対象動物資料（水産庁関係）．水産資源保護協会，東京．

Anon. 2006. TRAFFIC East Asia-Japan Newsletter. 22 (1/2)．（インターネット版）

畠山武道．2005．自然保護法講義．第2版．北海道大学図書刊行会，札幌．xiv + 328 pp．

川井唯史．2007．ザリガニの博物誌　里川学入門．東海大学出版会，神奈川．xiv + 166 pp．

Last, P. R. and Stevens, J. D. 1994. Sharks and Rays of Australia. CSIRO, Australia. 513 pp.

ラポワント，ユージン　K．（著）．三崎滋子（訳）．2005．地球の生物資源を

抱きしめて．新風社，東京．8 pls + 317 pp.
リンゲット，S.・レイマーカー，C.・武藤文人（著）．武藤文人（訳）．2003．うなぎ ヨーロッパおよびアジアにおける漁獲と取引．トラフィックイーストアジアジャパン，東京．(4) + 77 pp.
宮下和喜．1977．帰化動物の生態学 侵略と適応の歴史．講談社．207 pp.
日本動物園水族館協会教育指導部（編）．1997．新・水族館ハンドブック．日本水族館動物園協会．169 pp.
Olney, P. J. S. and P. Ellis (eds). 1991. 1990 International Zoo Yearbook. vol. 30. Zoological Society of London, London.
プリマック，R. B.・小堀洋美．1997．保全生物学のすすめ 生物多様性保全のためのニューサイエンス．文一総合出版，東京．399 pp.

　上記参考文献の他に，本稿では，2010年11月現在の，インターネット情報を活用している．日本の国際条約への対応は，外務省の地球環境に関するホームページ（http://www.mofa.go.jp/mofaj/gaiko/kankyo/index.html）を参照した．ワシントン条約に関しては，条約事務局のホームページ（http://www.cites.org/）で最新の情報を確認した．ここには，条約全般の情報の他に，最新の締約国リスト，附属書掲載種リストがあり，また，締約国会議の議事録もある．生物多様性条約については，条約事務局のホームページ（http://www.cbd.int/）を参照した．環境 NGO の活動については，トラフィック イーストアジア‐ジャパンのホームページ（http://www.trafficj.org/index.htm）を参照した．農林水産省動物検疫所のホームページ（http://www.maff-aqs.go.jp/ryoko/index.htm）からは生きた動物の輸入に関する一般的な事項を，また経済産業省の貿易管理のホームページ（http://www.meti.go.jp）からはワシントン条約の附属書掲載種に関する取引規定の細部を確認した．輸入動物からの人への感染を防止するための「動物の輸入届出制度」については厚生労働省のホームページ（http://www.mhlw.go.jp/bunya/kenkou/kekkaku-kansenshou12/index.html）を，特定外来生物については環境省のホームページ（http://www.env.go.jp/nature/intro/syukaisetsu.html）を参照した．これらの取り扱いについて，総務省管理局の「法令データ供給システム」（http://law.e-gov.go.jp/cgi-bin/idxsearch.cgi）をもちいて，以下の法文を確認した．これら法律のうち，従属的な法律は，主たる法律に続けて，段を下げて列記してある．従属的な法律（施行規則など）には，しばしば法律の対象となる生き物の名称が記載されている．（なお，そのような表には，「学名」がカタカナ表記で付されているが，学名の表記はラテン文字アルファベットと定められており，正しい用い方とはいえない．）

外為法（外国為替及び外国貿易法）
種の保存法（絶滅のおそれのある野生動植物の種の保存に関する法律）
　　絶滅のおそれのある野生動植物の種の保存に関する法律施行規則
特定外来生物による生態系等に係る被害の防止に関する法律
　　特定外来生物による生態系等に係る被害の防止に関する法律施行令
　　特定外来生物による生態系等に係る被害の防止に関する法律施行規則
南極地域の環境の保護に関する法律
　　南極地域の環境の保護に関する法律施行規則

カルタヘナ担保法（遺伝子組換え生物等の使用等の規制による生物の多様性の確保に関する法律）
動物愛護管理法（動物の愛護及び管理に関する法律）
　　動物の愛護及び管理に関する法律施行令
水産資源保護法
　　水産資源保護法施行規則
持続的養殖生産確保法
種苗法
感染症の予防及び感染症の患者に対する医療に関する法律
　　感染症の予防及び感染症の患者に対する医療に関する法律施行規則
鳥獣の保護及び狩猟の適正化に関する法律
　　鳥獣の保護及び狩猟の適正化に関する法律施行規則

第12章

希少淡水魚保存の取り組み

前畑　政善

　日本動物園水族館協会では，1987年に種保存委員会を組織してから今日まで約20年間にわたって，地球上で絶滅の危機に瀕している多くの野生動物の保存・繁殖に取り組んできた．日本動物園水族館協会とは，その名前からもわかるように，全国に160ほどある水族館と動物園が組織する団体である．30年ほど前まで水族館・動物園（以下，水族館等）の役割といえば，「野生動物の展示を通し，自然環境を保全することの大切さを来館者に伝えること」であった．この役割は，今後とも変わることはないと思われるが，近年では，それに加えて野生動物を系統だって保存すること，つまり「種の保存」が，水族館等の重要なテーマになった．その背景には，ゴリラやチンパンジーなど，希少動物の入手が難しくなったことや，海外では，動物園が野生動物の保存・繁殖施設として位置づけられるようになったことと関連している．しかし，その根源的な背景として，近年，地球上から多くの野生生物がかつてない速度で姿を消しつつあることがある．

　私たち（琵琶湖文化館の飼育職員）は，水族館等で「種の保存」が声高に叫ばれる前から，国内の希少淡水魚類の繁殖を手がけてきた．そして1991年に，種保存委員会の枠組みのもとで，他の水族館と共に日本産希少淡水魚繁殖検討委員会（以下，希少魚検討委員会）を立ち上げて以来，これまで淡水魚の系統保存に取り組んできた．ここでは，これまでの私たちの取り組みやその意義を紹介するとともに，今後の課題について考えてみたい．

Conservation of endangered freshwater fishes in aquariums. Building a national conservation network.

希少種の繁殖を手掛ける

　私が琵琶湖の湖畔にある琵琶湖文化館という小さな淡水水族館に赴任した1970年初頭には，国内で希少とされる淡水魚は，アユモドキ（図1）やイタセンパラ（図2）などごく少数であるというのが世間一般の認識であった．それでも，当時，国内では，数少なくなりつつある淡水魚がじわじわと増えていた．当時，淡水魚を減少させつつあった大きな原因は，全国規模で行われた河川，水路，池沼などの改修や埋め立て工事，あるいは水田の区画整備事業であった．つまり，野生生物に配慮しない，人の側の都合に準拠した水辺環境の改変なのだった．

　私が赴任した当時，水族館には松田尚一さんという方がおられた．彼はアユモドキやイタセンパラなど国内産希少淡水魚の繁殖に早くから取り組んでいた．彼の影響もあって，私は希少淡水魚の動向に大いに関心をもたされ，気付いたときには国内の色々な希少魚の繁殖を手掛けていた．以来，私は水槽掃除や展示といった仕事のかたわら，国内のあちこちへ出掛けては淡水魚を採集して回った．九州では，デパートで魚の展示をするかたわら，河川に出掛け，ヒナモロコやカゼトゲタナゴなどの採集も行った．また，岡山県へは毎年のように採集に出かけた．当時は，

図1　アユモドキ

図2 イタセンパラ

スイゲンゼニタナゴも水路で5尾,10尾と簡単に採れた.現在,絶滅に瀕しているこれらの小魚も,当時はまだそこそこ生息していたのである.採集してきた魚は,展示に供するとともに繁殖を試みた.そのようにして,これまでに繁殖した希少魚は,20余種にのぼろうか.もちろん,魚類の採集から繁殖,仔稚魚の世話に至るまで,同僚である秋山廣光さんらの協力なしでは成し得ようもなかったことはいうまでもない.

魚を増やすコツ

　魚の中には,水槽で飼っているだけで産卵するものもあれば,そうでないものもいる.それは,成熟,産卵様式が魚によって違っているからだ.飼っているだけで産卵する魚は,飼育環境がその魚の成熟・産卵様式とおおむね合致していると見てよい.逆に,産卵してくれない魚は,飼育環境に何らかの不備があるためだ.後者の魚の場合,飼育環境の不備を満たしてやればよいのだが,実のところ,これが大変難しい.与える餌や飼育水槽の大きさに問題があることもある.また,飼育水温や水質に問題があることもある.こうした「不備」は,1つの場合もあれば,

複数の場合もある．「なぁーんだ，そんなことだったのか」と，繁殖に成功してからわかることもしばしばであるが，それは成功してからの話だ．そうした魚を増やすには，考えられる原因を1つひとつ取り除いていくほかない．

ところで，「魚を産卵させるコツは何？」と問われれば，「それは熱意！」と，私は即座に答えている．なぜそうなのかについては，後ほど触れてみたい．

魚にみられる様々な繁殖様式

淡水魚の産卵の仕方には，色々なものがある．子供を産むものもあるが，ここでは卵を産むものに限ってみることにする．産卵の仕方は大きく分けて，①卵を産みっぱなしにするもの，②卵を守るもの，③卵を隠すもの，などがある．日本産希少淡水魚に絞ってみれば，①に属する魚には，アユモドキ，ヒナモロコ，カワバタモロコなどがある．この産卵タイプに属する魚は，小さな卵を数多く産むという特徴がある．②に属するものには，ネコギギ，ウシモツゴ，シナイモツゴ，オヤニラミなどがある．こうした魚の卵は①に属する魚に比べ，やや大きく，数は少ないのが特徴だ．また，卵を守るのはいずれの魚も雄であり，体は雄の方が雌よりも大きいのが一般的だ．③に属するものには，イタセンパラ，ミヤコタナゴなど，タナゴ類の全種が該当する．彼らは，活きた二枚貝の体内に卵をうむ習性があり，①，②に属する魚に比べ，卵はさらに大きくなり，数はうんと少なくなる．これは，①や②の産卵の仕方に比べて，卵の生き残り率がより高くなるからと考えられている．ところで，タナゴ類の卵は概して細長く，孵化したばかりの子供（仔魚）は翼状の突起を持っている．この突起は，仔魚が貝から吐き出されないための適応と考えられている．

以上みてきたように，それぞれの種は，自分の子孫（卵や仔稚魚）を残すために様々な工夫を行っている．こうした習性は，個々の種が何百万年という地史的時間の経過の中で，それぞれが置かれてきた物理的，生物的環境に適応してきた結果と考えられる．ここでは，個々の魚の繁殖生態については詳しく述べない．ただ，魚を産卵させるには，個々の

魚の産卵習性を十分に考慮し，それに見合った飼育方法をとらなければならないとだけ言っておこう．

魚の繁殖には熱意がなぜ必要なのか

　話は戻って，魚の繁殖にはなぜ熱意が必要なのか？　先に述べた松田さんが，アユモドキの繁殖に国内ではじめて成功したときの例でもって紹介したい．アユモドキは，飼育しているだけでは産卵しない．繁殖のひどく困難な魚種の1つであった．彼がこの魚の繁殖に取り組みはじめた1960年代は，魚類の繁殖に関する専門書などは，一般にはまだ出回っていない時代であった．だから，彼は魚類研究者が来館するたびに，彼等を捕まえては繁殖手法を尋ね，ついには成熟促進ホルモンがあることを知った．さっそくホルモン剤（シナボリン）を取り寄せ，夕方，親魚にこの薬剤を注射すると，後は寝ずの番をした．つまり，一定時間ごとに雌を水槽から取り上げては，腹部を圧し卵を搾り出すことを，彼は夜通し繰り返したのである．かくして，明け方にようやく放卵がみられたので，人工授精を試みたところ，大量繁殖に成功したのだ．今日では，魚にホルモン剤を注射してから10時間経った頃に授精するとよい結果が得られることは周知のことだ．実際，松田さんがアユモドキに人工授精したのは，ほぼ10時間後であったのだ．放卵時期や授精のタイミングがよくわかっていなかった当時，彼が繁殖を成功させたのは，この魚をなんとしても増やしたいという熱意であったと思われる．もちろん，成功に至るまでには過去数年間にわたる試行錯誤があったことはいうまでもない．

　希少魚に限らず，魚を殖やすことは楽しい．新しい生命の誕生を見ることは，何度経験しても心躍らされるものだ．産卵させるため，前日に雌雄を水槽に同居させたり，親魚にホルモン剤を投与した日の夜は，朝の来るのが待ち遠しい．朝，目覚めると，卵を産んではいないかと，胸をワクワクさせながら出勤したものだ．熱意と楽しさ，これこそが魚の繁殖を成功へと導く原動力なのだ．

希少淡水魚繁殖検討委員会の誕生

　先にも述べたが，私たちが希少魚の繁殖に取り組んで十数年経た1987年，日本動物園水族館協会で種保存委員会が立ち上がった．この年は，日本の動物園・水族館が野生動物の保存に本格的に取り組みはじめた記念すべき年となった．そして，その4年後に希少魚検討委員会が発足した．それまで種保存の対象種の多くがアムールトラやサイ類，レッサーパンダなど，外国産希少動物に偏っていたことを考えれば，展示動物として集客力に乏しい，地味な生き物である国内産淡水魚が保存対象に加えられたことは，大変画期的な出来事であったように思う．

　希少魚検討委員会は，発足して以来，毎年，各種の取りまとめ担当者（種別調整者）が一堂に会し，希少魚個々について繁殖状況，野外調査の結果，飼育・繁殖上の問題点など，様々な情報交換を行いながら現在に至っている．以下に，この委員会の取り組みについて紹介する．

水族館等で保存している希少魚と参加園館

　希少魚検討委員会が扱っている希少魚は，本委員会発足当初にはアユモドキやイタセンパラなど10種・亜種，参加館は9館だったが，現在では18種・亜種に増え，参加館は北海道から沖縄県まで三十数館におよんでいる．参加園館の中には，私の勤務する博物館のような施設や動物園なども一部含まれている（表1，図3）．

　保存対象としている希少魚は，水族館という限られた空間で，継続的に繁殖が可能であると考えられる魚種が原則として選ばれている．個々の対象魚には，責任体制を明確にするため調整者が選任されており，それらは原則として対象魚の自然分布域内にある館，もしくはその近傍にある館が担当している．たとえば，沖縄県に分布するタナゴモドキ（図4）は沖縄美ら海水族館が，関東地方に分布するムサシトミヨはさいたま水族館という具合である．また，1園館では，種について異なる地域の個体群を複数保持しないことも申し合わせてある．たとえば，ネコギギ（図5）を例にあげれば，三重県産は志摩マリンランド，愛知県産は碧南海浜水族館というぐあいである．これは同一の種であっても地域的

表1　水族館等で繁殖・保存している希少魚とその産地

No.	和名	保存している個体群の産地
○	ミヤコタナゴ	埼玉県(滑川町)・千葉県(御宿町)・横浜市(港北区)・栃木県
○	イタセンパラ	愛知県・大阪府(淀川水系)・富山県(氷見市)
○	ニッポンバラタナゴ	大阪府
○	スイゲンゼニタナゴ	岡山市(旭川水系)・広島県(芦田川水系)
○	ゼニタナゴ	宮城県(伊豆沼)・茨城県(霞ヶ浦)・福島県(相馬市)
○	カワバタモロコ	愛知県(西尾市)・神戸市(北区)・滋賀県
○	シナイモツゴ	新潟県・宮城県(鹿島町)・福島県
○	ウシモツゴ	岐阜県(大垣市)・愛知県(西尾市)・三重県
○	ヒナモロコ	福岡県
○	ホトケドジョウ	東京都・栃木県・福井県・滋賀県・兵庫県
○	アユモドキ	京都府(淀川水系大堰川)
○	ネコギギ	愛知県(矢作川水系)・岐阜県(員弁川水系)・三重県(宮川)
○	ムサシトミヨ	埼玉県(熊谷市)
○	ハリヨ	滋賀県(米原市)
▲	エゾトミヨ	北海道(札幌市, 小樽市, 北広島市)
▲	オヤニラミ	広島県・島根県(江の川水系)
▲	アカメ	高知県(浦戸湾)
▲	タナゴモドキ	沖縄県

な遺伝的変異がある可能性を考え，飼育下で異なる地域の同一種が交雑する危険を避けるためである．

水族館で種の保存に取り組む意味

ところで，水族館でこれら希少淡水魚の保存に取り組む意義は，一体何なのだろうか．私は，その意義には以下の3点があると考えている．

1つ目は，希少魚個々の種について飼育し，繁殖することで直接，間接的に種の保存に寄与することだ．つまり，水族館において希少種を飼育・繁殖することは，野外では観察し得ない生態的特性を明らかにしたり，繁殖技術を確立することで，その種を野外で保全していくことに側面から寄与できる．ただし，水族館で継代繁殖されている魚は，その種本来の姿からはかなり隔たったものであることを，私たちは認識してお

1 小樽水族館
2 サンピアザ水族館
3 千歳サケのふるさと館
4 登別マリンパークニクス
5 浅虫水族館
6 マリンピア松島水族館
7 新潟水族館マリンピア日本海
8 上越市立水族博物館
9 魚津水族館
10 アクアマリンふくしま
11 なかがわ水遊園
12 さいたま水族館
13 蓼科アミューズメント水族館
14 井の頭自然文化園
15 しながわ水族館
16 野毛山動物園
17 富士湧水の里水族館
18 越前松島水族館
19 岐阜県世界淡水魚園水族館
20 東山動物園
21 碧南海浜水族館
22 二見シーパラダイス
23 鳥羽水族館
24 志摩マリンランド
25 琵琶湖博物館
26 宮津エネルギー研究所水族館
27 水道記念館
28 須磨海浜水族園
29 姫路市立水族館
30 宍道湖自然館
31 宮島水族館
32 桂浜水族館
33 虹の森公園おさかな館
34 マリンワールド海の中道
35 沖縄美ら海水族館

図3　日本産希少淡水魚の繁殖・保存に取り組んでいる水族館等の分布

第12章　希少淡水魚保存の取り組み —— 177

図4　タナゴモドキ

図5　ネコギギ

く必要がある．この点に関しては，また後ほど触れたい．

2つ目は，水族館等が展示のために希少種を自然環境から採捕することにより，その種の自然個体群の枯渇に荷担することをなくすことだ．これは，繁殖したものを展示等に使うことが可能になるためである．たとえ合法的手段をとるにせよ，水族館が展示の名の下に希少種を自然界から採捕することは，基本的に避けなければならない．自然環境保全を啓発すべき施設である水族館が，そうしたことを行えば，市民の信頼を損なうだけでなく，その存在基盤をも危うくすることにつながろう．ついでながら，飼育下での繁殖は希少種に限らず多くの種で行われることが望ましい．現在，天然にたくさんいるように見えるものであっても，それがいつ希少種に陥るとも限らないからだ．種多様性保全の重要性が叫ばれ，わが国で生物多様性国家戦略が策定されてから時久しいが，残念ながら今なお，国内では多くの生き物が姿を消しつつあるという現実があるからである．

3つ目は，水族館等が希少種の繁殖・保存という活動を通して，自然環境の現状を広く一般市民に知らせ，生き物の生息環境保全に寄与することだ．実は，これが現時点における私たちの最も重要な目標となっている．水族館は，生きた動植物を扱うという特性を持っている．この特性からして，水族館は，希少魚をツールとして自然環境の現状をよりシンボリックに人々に伝え，啓発することのできるもっとも効果的な施設だからである．最近では，他の教育・社会施設でも生きた魚類等を扱っているところもないではない．とはいえ，それらの施設は魚類の飼育，繁殖などの技術，魚類に対する知識，あるいは訪れる人の数や年齢層など，いずれの面からみても水族館に到底およばない．その意味で，水族館は各地域において水環境保全を推進するための中核施設となりうる存在といえる．ともかく，水族館ではこの目標を達成するため，今後ともより効果的な手法を模索していく必要がある．

なお，動物園では，「種の保存」の最終目標を繁殖個体（群）の野生復帰においている．現在，絶滅に瀕しているような動物は，その動物が本来もっていた種内の遺伝的多様性を喪失させている可能性が高く，もはや健全な個体群とは言い得ないかもしれない．それでも動物園が，究極的な目標を「野生復帰」におくのは，動物の中にはアムールヒョウの

ように動物園で飼育されている個体数の方が，野生のそれより多いものも見られるなど，野生動物を取り巻く環境がひどく深刻な状況にあることの反映であろう．ニホンオオカミやトキのような絶滅動物をこれ以上出さないことは，現在を生きる私たちの責務なのだから．

これまでに得られた成果

　希少魚検討委員会を発足させた当時，私たちは短期的目標として①飼育繁殖技術の確立（＝繁殖マニュアルの作成）と各園館での技術の共有化，②参加園館の拡大，③保存対象とする種の地域個体群の拡大の3点を，また長期的目標として④保存対象種の拡大，⑤種の遺伝的多様性の確保，⑥市民研究者や愛好家，研究機関間のネットワーク化，および⑦増殖した個体の自然環境への復帰（＝放流）の4点をあげていた．

　それから15年余を経た現在，これらの目標のうち①～④の目標に関しては，一定の成果をあげてきた．すなわち，保存対象種は10種・亜種から18種・亜種へと増やし，繁殖マニュアルも対象種の約8割が作成済である（図6）．これに伴って繁殖技術の共有化もほぼ順調に進み，現在では，18種・亜種のうち小数のものを除けば繁殖ができており，魚種によっては繁殖を抑制するものさえでてきている．また，当委員会への参加館も全国にある水族館約70館のうちその約半数にあたる30数館にのぼり，地域個体群の拡大に関しても，11種・亜種で複数の地域個体群の保存が行われている．これらの目標は，今後とも引き続き堅持し，一歩ずつ着実に前進させていく必要がある．現在，それほど進展していない⑤～⑦の項目ついては，以下の節で検討してみたい．

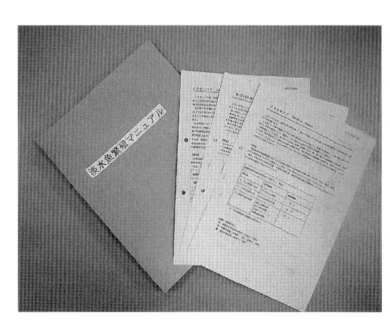

図6　希少魚の繁殖マニュアル

飼育下における種保存の問題点

　飼育下における種保存上の問題点には，以下のようなものがあると考えられる．

　その1つは，遺伝上の問題である．飼育下では施設，予算上の制約から種内部の多様な遺伝的変異の保存が困難なこと，また経代飼育を続ける中で遺伝的均一化（＝ホモ接合体）が起こる危険性が高いことである．わかりやすくいえば，水族館がいかに遺伝的多様性を確保しようとつとめても，限られた数の親魚を繁殖に使わざるを得ないがゆえに，繁殖したこどもの遺伝的多様性は偏らざるをえない．また，飼育担当者の懸命の努力が裏目となり，飼育下では，自然界では淘汰されるような変異が温存されることも問題点としてあげられる．

　2つには，飼育に携わる人の数と知識の問題である．現状では少数の飼育者が水槽掃除から企画展示，標本資料の整理・保管，教育，研究まで何でもかんでもやっているのが水族館等の実態であろう．希少種の保存に寄与しようとするならば，各施設において種保存に向けた体制作りが急務であろう．

　3つには，飼育下では，希少種が絶えず不慮の事故などによる死亡と隣り合わせにあることである．希少種の場合，多くの水族館では，病気の発生やポンプの故障など不測の事態に備えて，複数の水槽で分散飼育しているが，施設や飼育者の数が限られるためにそのように対処できていない水族館も数少なくないのが実態であろう．このことは，上に述べた体制作りとも関連した問題点で，今すぐに対処しえないのが実情である．

　4つには，タナゴ類の繁殖に際しておこる問題である．イタセンパラやミヤコタナゴなどのタナゴ類では，ドブガイやマツカサガイ，時にはカワシンジュガイなどの活きた二枚貝を使う場合がある．このことが自然界にすむ二枚貝資源の減少に拍車をかけはしないか，ということである．かつては自然にたくさんいた二枚貝も，現在では，希少種となりつつあるものも少なくない．希少魚を増やすためとの名目で，そうした貝類の絶滅に手を貸すようなことがあってはならない．そのようなことがあれば，何のための希少魚繁殖かわからなくなってしまう．自然に生息

する二枚貝を利用する場合には，生息地周辺の貝個体群に影響をおよぼすような採捕は厳に慎まなければならない．そのためにも，今後は，二枚貝類の飼育・繁殖の技術開発も行っていく必要があろう．

　最後に，水族館等における種保存の取り組みが，ともすれば，一般に過大評価されることが挙げられる．そうしたことを防ぐためにも，私たちは，水族館における希少魚の保存は，あくまでも啓発のための保存であり，繁殖技術の確立を目指したものであることを深く認識した上で，魚類が継続的に生活し続けることができるような生息環境の保全こそがもっとも重要であることを繰り返し，叫び続けなければならないだろう．

　以上のように，水族館での希少魚保存に関して，その大小はあれ，課題は山積されている．私たちは，こうした問題点を認識しつつ，現実的な対応をする中でこれらの問題点を少しずつクリアーしていきたいと考えている．

希少淡水魚保存の今後の方向性

　希少魚保存の今後の方向性として，ここでは「遺伝的多様性の確保」，「研究機関等のネットワーク化」の２点に焦点をあてて考えてみたい．

　「遺伝的多様性の確保」が重要なのは，基本的なスタンスとして，生物の「種」は，それが地史的時間の経過の中で，様々な環境下におかれ，突然変異と自然淘汰を受けて形成されてきた多様な変異を持った集団であることによる．さらにいえば，「遺伝的な多様性」を失った集団は，その構成者の生理・生体が類似しているために病気，環境変化，あるいは劣悪遺伝子の出現等によって絶滅危険性が高くなるからである．

　これまで希少魚検討委員会は，個々の種の繁殖マニュアル作成等に没頭してきたが，一定の成果を得た現在，今後は個々の対象種の遺伝的変異の確保へと重点をシフトしていく必要がある．具体的には，繁殖に際しては可能な限り多数の親魚を，できるだけ均等に使用して産卵させ，様々な個体間の交配を心掛けていくことや，繁殖した集団がどの親魚に由来しているかを適正に管理していくこと．また，比較的寿命の長い魚では，繁殖を数年間隔で行うなど，効率的な繁殖計画をたてることである．もちろん，それだけでは不十分で，その際に必要となるのが魚類研

究機関等のネットワーク化である．多くの関連機関が繁殖，保存，遺伝，調査など色々な局面で連携するようになれば"遺伝的多様性の確保"はより実効性あるものとなることが期待される．さらにいえば，淡水魚に関心あるすべての個人，団体間での希少魚の飼育・繁殖ネットワーク化が進められ，希少魚も含めた身の回りの生き物に対して社会がより広範な関心を向けるようになれば，絶滅の淵にある多くの希少魚の未来に光をもたらすものと考えられる．

増やした魚の放流

　最後に，水族館で増やした希少魚の自然環境への放流についての考え方を整理しておきたい．魚類の放流に関しては，2005年3月に日本魚類学会によって作られた「生物多様性の保全をめざした魚類の放流ガイドライン」（URL: http://www.fish-isj.jp/info/050406.html 参照）がある．そこに書かれた内容は，まず，放流が本当に必要な放流か検討せよとか，放流個体の遺伝的な多様性を調べよとか，住民と連携せよとか，ともすれば一般の方にはやや煩わしく感じられるかもしれない．しかし，そこに書かれた内容は重要なことばかりである．希少魚等の放流に携わる方は，是非ともこのガイドラインをじっくり読んでいただきたい．地域の団体や個人が行う，いわゆる「善意の放流」が，しばしばその行為者の意図に反して地域環境にダメージを与えることが多いためである．

　さて，放流の前提条件には，「善意の放流」であろうと，「水産目的の放流」であろうと，基本的には差がない．また同様に，放流魚種が「外国産」であるか，「日本産」であるかも違わない．なお，「善意の放流」と「水産目的の放流」の違いは，―細かなことをいえば多々あろうが，―その放流が社会的な合意を経ているか否かにあると考えられる．今日まで，私たち人間が行ってきた魚類放流の大きな問題は，自然の言葉（＝仕組みや成り立ち）を読めないままに，人の側の都合（価値観）でもってそれを行ってきたことであろう．

　話は前後するが，水族館等で繁殖した希少魚の放流を考える場合，前提条件のすべてを解決しなければ放流してはいけないのだろうか．私は，場合によっては，これらを実験的に放流してみることも有益ではなかろ

うかと考えている．何事にもはじめから完璧ということはあり得ないし，また，やってみてはじめてその存在がわかる課題も多々あるのが常だからだ．ただし，放流を行う際には，重要な前提条件が一定範囲で満たされることが必要であり，そして，放流はおずおずと尻込みしながら行わなければならないだろう．モニタリングする中で浮上してきた問題点を発掘し，そして，解決策を練り，それを再び現場へと適応しながら少しずつ前進させていくという方法をとるといった柔軟な対応が望まれる．

　最後になるが，放流に際して重要なことは，地域に暮らす人びとが希少種も含め，身のまわりの自然，生き物と将来にわたってどのような関係を持ちたいと考えているかである．人々の多くが，自然や生き物とともに生きることを願わないのであれば，それらを保全することもまたおぼつかないからである．そのためにも，水族館は希少魚等をツールとした種々の展示や館内外で行う観察会，講座などを通して，1人ひとりが自然環境の保全を考えるための材料を提供する場として，今後，ますます重要な役割を担っていくことになるに違いない．

参考文献
片野修・森誠一（編）．2005．希少淡水魚の現在と未来：積極的保全のシナリオ．信山社，東京，416 pp.
前畑政善．1997．水族館における希少淡水魚の保存と今後の課題．長田芳和・細谷和海（編），よみがえれ日本産淡水魚―日本の希少淡水魚の現状と系統保存．緑書房，東京，pp. 205-217.
望月賢二．1992．ミヤコタナゴの現状と保護．淡水魚保護，終刊号：86-96.
日本魚類学会のホームページ：http://www.fish-isj.jp/info/050406.html
鷲谷いづみ・武内和彦・西田 睦．2005．生態系へのまなざし．東京大学出版会，東京，312 pp.

第VI部
水族館と教育　学びの場としての水族館

　社会教育機関という顔を有する水族館にとって，教育活動は重要な機能である．第VI部では，水族館の教育活動の実際を3章にわたって紹介する．第13章では，水族館が地域の初等，中等，高等教育機関と連携して，地元の自然探索から建築学的課題まで，水族館そのものを教材として取り組んだ教育活動を紹介している．教育機関としての水族館のポテンシャルを最大限に引き出した好例であろう．第14章はちょっと毛色が異なる．水産高校において水生生物の飼育が，生徒の情操教育にいかに役立ったかを，複数の事例を交えて紹介している．身近に生きた水生生物が存在し，世話をするようになれば，おのずと情も湧き，責任感も親近感も湧いてくるであろう．これはなにも小学生に限ったことではない．生きた教材として水生生物をうまく活用した好例であろう．第15章は，水族館が大学学部・大学院と密接な連携を組み実施した教育研究活動の紹介である．学生に野外フィールドワークも含めた研究を水族館で行わせて卒業論文，学位論文をまとめさせて，多くの研究成果を上げ，全国の水族館へ人材を供給した水族館の記録である．環境問題が声高に叫ばれる昨今，水族館に対しては，今後ますます社会教育機関としての役割が求められるのではなかろうか．その胎動を強く感じる第VI部である．

第13章

水族館は学校教育の宝庫
高田　浩二

　あなたがはじめて，生きている魚やタコ，カニなどを，見て，触れて，学んだ日がいつだったか覚えているだろうか？　また，それらに遭遇した場所はどこだっただろうか？

　それはおそらく，まだ小さな子供の頃に，友だちと遊んだ川や海，家庭や教室に置かれた水槽，はたまた，遠足やレジャーで出掛けた水族館だったかもしれない．では，それらの中で，学校行事で水族館に出掛けたときのことが思い出せるだろうか？

　思い巡らせば，多くの場合，遠足や修学旅行で訪問し，色鮮やかな魚の群泳やイルカのダイナミックなジャンプに感動したシーンが蘇ることだろう．しかしながらそれらは，イベント的な見学であったため，楽しかった記憶として残っているだけであり，理科や生活科などの教科学習として，誰から何を学んだという思い出まではないのが大半だろう．では水族館の役割は，これからも楽しむだけの機能でいいのだろうか．

学校教育と水族館教育の連携

　前述のように，これまで，学校行事での子供たちの水族館訪問は，楽しい時間をすごすことに主眼がおかれてきた．このため，学校の水族館活用は，何かの教科や単元で，きちんとした学習の目当てやねらいを定めて，計画的，長期的な学習を行うまでは至っていなかった．ところが近年，水族館や博物館が，学校と連携して進める教育活動が注目され，それに博学連携や学社融合という言葉が用いられ，国の教育施策にも盛

Public aquariums are treasure coves of educational material and resources.

り込まれるようになった．たとえば，1997年に改訂した文部省（当時）の教育改革プログラムには「学校外の社会との積極的な連携」が謳われ，翌年に発表された具体的なプログラムにも博物館や水族館が関与できるものが多数例示されている．これらを受けて文部科学省では，1998年の「親しむ博物館作り事業」を皮切りに，博物館・水族館が行う教育活動を支援する委嘱事業を毎年公募している．さらに文部科学省は，2002年度からはじめた「総合的な学習の時間」に博物館の活用を推奨し，学校完全週五日制でも週末を博物館ですごすための支援を行うなど，今ほど博物館・水族館の教育事業に追い風が吹いている時代はない．

どんな連携学習ができるか

あなたが，水族館と一緒に授業をするとしたら，何の教科でどのような学習を想定されるだろうか．一般に水族館は，科学系博物館に分類されていることや，水の生物を飼育研究している仕事と専門性から，理科や生物の教科として，メダカの卵発生，魚の体の作り，エビやカニの発生，生物分類などの単元がまず思いつくだろう．では，その他の教科ではどうだろう．国語，算数，社会，図工，保健体育などの教科や，「総合的な学習の時間」での活用はできないだろうか？

表1をご覧いただきたい．これは，福岡市内の小学校で使われている

表1 教科，単元別，授業協力表

学年	教科	単元名	提供できる話題・教材
1	国語	くじらぐも	クジラの生態，歯，骨，映像
2	国語	スイミー	群泳する魚の生態，映像
5	国語	海にねむる未来	水産加工品，薬品，サメ，海綿
6	国語	ガイドブックをつくろう	水族館の図面，展示案内資料
5	社会	水産業の盛んな地域を訪ねて	漁獲生物リスト，海洋環境資料
5	社会	環境を守る	ホタルの生態，川の環境資料
4	算数	倍の計算	クジラ，イルカの資料標本
1・2	生活	きせつのおくりもの	春の川の生物，夏の磯の生物
6	音楽	海の音楽をつくろう	海の環境，海で聞こえる音
1・2	図工	わくわくすいぞくかん	水族館の飼育生物，水槽写真

教科書の中で，水の生物や水辺環境の学習として，水族館が関われると思われる単元の一部を書き抜いたものである．この表からも，水族館が理科だけでなく，様々な教科で関与できることがわかる．

　筆者の勤務する海の中道海洋生態科学館では，小学校，中学校の教科書を精読して，多くの教科や単元で，水族館が協力，提供できる話題や教材を提案している．

　これら，理科以外の教科にも，本来の学習のねらいがある．たとえば国語では文脈理解や表現力，算数では計算力や文章題への理解，社会科では経済の仕組みの理解などがあり，これらは，水族館が直接指導できるものではない．しかし，授業の導入部などに，水族館から海や水の生物の話題，資料標本が提供され，非日常の学習環境が演出できれば，子供たちの学習への意欲・関心が高まり，積極的な学びを促すことも可能になるだろう．

　さらに，2002年から導入された「総合的な学習の時間」には，その学習の狙いに，『体験的学習の実施や地域人材の活用等，学校教育と社会教育が一体となった学習活動を展開することによって，子供たちが自ら学び自ら考え主体的に判断し行動するなど「生きる力」の育成を図る』とされている．またこの授業では，カリキュラム構築のヒントに，「国際理解，情報，環境，福祉，健康」の5つがテーマとして上げられている．このなかで，自然や動物，水族などの事象を取り扱う水族館では，環境や国際理解の学習に活用できる資料やプログラムを用意することが可能である．さらに水族館には，地域の水辺や自然環境についての調査，研究資料が蓄積され，専門的な知識や技術を持った職員が配属されるなど，地域教材の開発の点でも魅力がある．加えて，水の生物や水辺環境に関する情報提供にICT（情報通信技術）を活用すれば，情報教育にも寄与することができる．これら多くの視点から，水族館は「総合的な学習の時間」に役立つ社会教育機関の1つといえる．また「総合的な学習の時間」では，教職免許を持たない一般のゲストティーチャーが教壇に立って講話ができ，定められた指導案がなく，授業内容の構成も教師に一任されており，正に水族館との連携学習に最適な制度といえる．

生きた資料を活用した「実物教育」と情報技術を活用した「情報教育」

　実物教育とは，生きている生物資料や標本，海や川などの水辺のフィールドを使い，資料に触れたり体験する学習である．情報教育とは，子供たちが，ICT機器や環境，デジタル教材などを活用し，水族館の資料の情報収集，職員との交流，学習成果のまとめや発信などの活動を通して学習の意欲や理解を向上させる学習である．またそれにより，水の生き物や環境，水族館の仕事や役割に興味・関心を深める学習でもある．

　これまで，水族館で行う教育活動は実物教育に重点が置かれ，これこそが教育の原点と考えられてきた．確かに実物の魅力は大きく，得られる感動は実物に勝るものはないように見える．また，子供たちも，本物に出会うことに喜びを感じている．しかし実物教育も万全ではない．たとえば，資料の破損や消耗，命を持った資料では，衰弱や死亡といった問題もある．加えて，全員へ同じ量と質の資料や体験を提供することが困難など教育の平等性に欠け，実物教育は，必ずしも最善の学習方法とは言い難い．そこで筆者は，これらの問題点を補完するのが情報教育と考えた．情報教育には，いつでも，どこでも，繰り返し何度でも，大人数が参加できる利点がある．また，外観だけではわからない特徴や能力の情報を，わかりやすく効率的に伝達することも可能になる．子供たちが，いつでもどこでも，簡単に情報ネットワークに入る「ユビキタス」とよばれる環境が整備されつつあり，水族館の提供する情報教育が，近未来の学習シーンを提案することもできると考える．

海の中道海洋生態科学館の学校教育連携

　海の中道海洋生態科学館（以下，当館と略す）では，移動水族館教室，職場体験学習，海岸漂着物調査，子供学芸員活動などの実物教育に加え，デジタル教材の開発やICT機器などを活用した学習プログラムの開発など，実物教育と情報教育の利点を組み合わせた学習を実践している．また，学校教育だけでなく，公民館や複数の博物館，動物園などの社会教育機関との連携にも積極的に取り組んできた．以下にその実践例を紹介する．

『実物教育の事例』
　①山間部の学校や福祉施設などで生物展示『移動水族館教室』
　移動水族館教室は，生きている海の生物や標本資料に，見たり触れたりする機会の少ない山間部の学校，養護学校，福祉施設などを対象に開催している．参加者は，開催地の子供たちだけでなく，近隣の学校や地域住民も対象となっている．展示生物の構成は，「身を守る工夫」「助け合い」「変わった泳ぎ」などの生態的な展示テーマに沿って選定し，水槽を体育館などの会場に設置する．その中には，ヒトデ，ウニ，ナマコなどの磯生物や，カブトガニ，ウミガメなど触って観察体験できる生物と，サメの歯や哺乳動物の頭骨，歯，剥製などの標本を準備した．また，体験・体感的な装置として，水の生物の着ぐるみなども展示した．会場では10名前後の学芸員や飼育技師が，各水槽や展示コーナーに待機して，資料の解説，観察方法の指導，質問に対応した（図1）．
　参加した子供たちは，生物や標本などの資料に触ったことで，生物の命や，触感，大きさ，重さを感じて学ぶなど，貴重な体験として強く印象に残る学習になった．さらに，各種の実験装置を動かしたり，生物の着ぐるみを身に着けて遊ぶなど，体を動かして表現することで，能動的な学びを導き出した．また，遠く離れた水族館に興味・関心を持ち，展示物以外の生物や海の環境へ理解を示すなど貴重な学習経験にすることができた．

図1　移動水族館教室

図2　職場体験学習

②将来の進路として飼育業務を体験『職場体験学習』

中学校に対する職場体験学習は，生徒たちの職業意識や勤労観を育むことを目的に，様々な職種で取り組まれている．当館での職場体験学習でも，中学生以上の生徒を対象に，水族館の役割や飼育職員の仕事を学ぶための体験プログラムとして行っている．

実習内容は，講義，施設見学，動物トレーニング見学，調餌・給餌作業，濾過槽洗浄作業，ダイバーショー補助作業などで構成され1日で完了する（図2）．指導職員のうち，学芸員や解説員などの教育普及の担当者は，講義や館内の施設案内を行い，飼育現場での実習指導は，魚類や海洋動物の飼育技師が分担して担当している．

本プログラムに参加した生徒の感想から，飼育係の仕事を現場で体験し，飼育係が働く姿を見学することで，水族館の社会的な役割と職員の苦労や喜びを学んだものと考える．また，生きている海洋生物を見て触れて，匂いや鳴き声あるいは表情を感じることで，海の生物やそれらの生物がすむ環境に，一層の興味・関心を深めるなど，体験学習には大きな教育的効果があることが示唆された．

③地域の海岸にあるゴミから環境を学ぶ『水辺の宝探し』

校区内に川や海浜などの水辺環境を持つ学校は多い．しかし，安全面の問題や具体的な授業活用のアイデアにまで発展しないため，水辺環境の教育資源化，教材化に取り組んでいる事例は少ない．一方で，「総合

的な学習の時間」や環境教育が進展する中，地域の自然環境を活用した学習が求められている．そこで，子供たちが身近な川や海の環境に目をむけ，調査，記録する活動を行い，人と生物の生活環境を見つめなおし，学校と水族館が連携した授業を行った．またこれにより環境教育や海洋教育を発展させることを目指した．

「水辺の宝探し」と題したプログラムでは，子供たちが，校区の水辺の漂着物を調べることで環境に興味・関心を起こさせ，学習意欲の喚起につなげた．学習の導入では水族館見学を行い，親しみを持っているイルカやウミガメなどが，海のゴミや汚れで苦しんでいることを職員から聞いた．学校では，校区の水辺マップを作って海岸のごみ拾いをして持ち帰り，それらの材質やどこからきたかを考えながら分別した．職員は分別作業にも立ち会い，自然物か人工物かの区別，材質や特徴について助言した．子供たちは，気付いたことを話し合った結果，自然の大切さを教えてくれたのはゴミであり，ゴミが，環境を学ぶきっかけになった「宝物」であることに気付いた．

④地域の水辺環境を調べ展示活動で紹介する『子供学芸員活動』

校区内に，川，干潟，磯，の異なる水辺環境を持つ3つの小学校が，それぞれの水辺の生物や環境，その水辺における歴史や地域住民の暮らしなどについて調査を水族館と共同で行った．川では小学校の放課後学習（理科クラブ）として，干潟では公民館と学校の連携として，海では小学校の「総合的な学習の時間」の学習としてと，意図的に取り組み方を分けた．水辺環境調査で得られた情報を活用して，子どもたちが水族館の中に特別展として企画，制作，展示，解説の活動をするなど，「子ども学芸員」の体験をした．（図3）．これらにより子供たちは，自分の校区の自然環境だけでなく，異なる3つの水辺環境に興味関心を持ち，さらに自ら積極的に展示に関わることで，水族館の役割や学芸員の仕事にも気付くことができた．なお，川の調査を担当した小学校では，調査資料をPCでまとめ，パネル解説の作成を行うなどの活動を行った．また，これら一連の活動は，Web上でも公開している．http://www.marine-world.co.jp/er/mytown/index.html

⑤生命の誕生を全身で表現『創作ダンス振り付け指導』

小学校5年生が，体育の創作遊戯（ダンス）の単元で，水の生物の生

図3　子供学芸員の展示活動

命誕生の瞬間を，踊りとして表現する活動に取り組んだ．子供たちは，複数のチームに分かれモデルとなる生物種を決めている．水族館職員は学校に出張し，各チームの生物の繁殖行動，生まれる瞬間の母子の動きや心情，生命誕生の生態的な意味などを画像や資料で説明した．また遊戯中も，振り付けの中で表現できているかを現場で指導した．モデルになった生物は，イルカ，メダカ，ラッコ，ウミガメなどであった．

⑥30mのクジラが運動場に出現『クジラとイルカで倍の計算』

小学校4年生の算数にある「倍の計算」の単元では，クジラとイルカの大きさを比較する学習が組まれている．当館ではこの学習に，クジラの各部分の名称を取り付けた長さ30mのロープと3mのイルカ標本を学校に持参し，それをグランド等に広げて両者を比較する学習支援を行った．子供たちは，クジラやイルカの実物大の資料を活用して"倍"という計算の概念を，興味・関心を持って学習に取り組んだ．

⑦イルカのエサは体重の何パーセント？『水族館の仕事に見る比例式』

中学校2年生の数学において，生徒たちは，現在学習している「比例」の計算が，将来，社会でどのように応用，活用されるかを想定することができ難い．そこで，生徒達が興味・関心を持っている水族館の飼育職員が，日頃の仕事の中で，どのような比例計算を伴った業務を行っているかを，出張授業で活用例を紹介し例題などを示しながら解説した．

生徒達は，仕事で活用している具体例を提示されることで，学習の必要性を認識し，興味を持って理解を深めることができた．その計算例は，動物の体重とエサの量の関係，水槽水量に対する治療薬の量などであった．また本学習はテレビ電話による遠隔授業でも行った．

『情報教育の事例』

①ダイバーが水中から授業『テレビ電話回線を活用した遠隔授業』

日本人初の宇宙飛行士「毛利衛さん」が，宇宙船の中から地上の子供たちに「遠隔授業」をして話題になった．これは，教室に非日常の学習環境が与えられると，それが画像を介した講義であっても，学習への意欲・関心が高まり，理解が促進されることの実例である．同様に，生きている資料に囲まれた水族館から，専門知識と経験を持った学芸員が画像で登場して子供たちと交流学習でき，しかもそれがたとえば，大水槽からサメの水中映像が，生中継で届けられ，双方向で会話でできたら，宇宙授業と同等の学習効果が期待できるはずである．そこで当館では，2000年よりISDNの電話回線を使いテレビ電話システムによって，学校を映像と音声で結んで交流する遠隔授業を実施した（図4）．

遠隔授業で取り組んだ教科は国語が多い．たとえばその単元名は，動物の寝姿，どうぶつの赤ちゃん，自然のかくし絵，サンゴの海の生きものたち，ウミガメの浜を守る，ヤドカリとイソギンチャクなどである．これらの学習では，国語の教科書に出てくる動物の実写映像を見ながら，

図4　ISDN回線を使った遠隔授業

職員の解説を聞いたり質問をするなどの交流学習が行われた．

　本学習では，遠隔授業で使う機材の活用法や，授業の案内をするWebサイト「ようこそネットワーク教室へ」http://www.kmnet.gr.jp/を制作公開した．さらに，教育プログラムや学習素材を収録したCD-ROM教材の作成配布，指導案やワークシートをパッケージ化したプログラム集の作成とWeb公開，遠隔授業で活用する実物資料を梱包した「ディスカバリーボックス」の制作なども行った．

　②地域の水辺の生物や環境をWebで発信『水辺のデジタル図鑑』

　「水辺のデジタル図鑑」は，「総合的な学習の時間」で，水辺の環境について学習できるように用意された指導案や授業計画を，1つにパッケージしている学習プログラム集である．Webで公開することにより全国の学校や水族館が活用できるようになっている．水族館と学校が連携して環境学習を行う場合，フィールド調査や観察を支援する場合が多いが，出張授業やICTを活用した事前学習，事後学習と組み合わせることで，水族館と学校がより深く長く関わる学習が可能になる．

　奄美大島の古仁屋小学校では，「水辺のデジタル図鑑」の学習に取り組んだ（図5）．これは，子供たちが，川や海岸に出掛け，発見した生物をデジタルカメラで撮影し学校のPCに生物図鑑としてまとめる学習である．学校は，テレビ会議やEメールで水族館と交流し，図鑑作りの指導を受けた．また子供たちの作品をWebで公開し，職員や一般の人

図5　デジタルカメラ撮影による図鑑つくり

からのコメントを受け付けた．http://www8.ocn.ne.jp/~koniya/mini/top.htm

③飼育係・獣医師・学芸員の生き方から学ぶ『みんなで探検，水族館動物園』

福岡市内の3つの動物園水族館（福岡市動物園，海の中道動物の森，当館）が連携しておこなったプログラムである．本事業では，各施設で働く，飼育技師，学芸員，獣医師をモデルにし，この3人の職員による学校への出張授業，来館（園）時の案内を行なった．さらにインタビュー形式で，仕事への情熱，生き物への思い，生命観などを語った動画をWebで公開した（図6）．http://www.fukuoka-aze.net/

この学習では，子供たちが，学校，動物園・水族館，PCなど，いろんな場所や方法で何度も職員に出会うきっかけを作った．これらによりそこで働く人との交流，働く姿に触れることなどを通して，生き物の命や自然環境を守ることの大切さを学んだ．本事業では，動物園水族館にある専門的な資料だけでなく，働く人や仕事，動物園水族館の機能や役割も，学習素材にすることが可能であることが確認できた．

④携帯情報通信端末で水族館を取材『マリンワールド新聞をつくろう』

水族館の見学内容を，壁新聞などでまとめて発表する学習活動は，多くの学校で取り組まれてきた．しかしそれらは，アナログな取材や制作

図6　みんなでたんけん水族館動物園

活動のため，目的にあった情報を効率的に得たり，成果を多くの人々に発信できる学習までは発展していなかった．そこで当館は，子供たちが，能動的，効率的に水族館の情報を入手活用できるように，生物や施設に関する資料をデジタルデータ化し，専用のモバイル端末で閲覧できる学習に取り組んだ．本活動では，子供たち1人に1台のPDA（携帯情報通信端末）を貸与し，館内に設置した無線LAN経由で，サーバーに構築した飼育生物や水槽施設の情報を入手するシステムを構築した．子供たちは，PDAを新聞作成ための取材手帳として操作し，学芸員の指導のもとで情報入手や文字入力などの活動を行った（図7）．

本学習では，小学校5年生以上を対象に，15時間以上の授業として組み立てた．授業の構成は，ア）PDAの入力法の指導，イ）新聞制作の意義や目的を学ぶ動機付け学習，ウ）新聞の機能や役割，新聞記者の仕事を学ぶ新聞記者による出張講話，エ）水族館でのPDA活用，オ）教室での編集作業，および制作発表とした．この学習により子供たちは，国語（作文），社会（新聞の機能），理科（生物）としてだけでなく，「総合的な学習の時間」の情報学習としても活用し水族館の機能や役割を学ぶことができた．

⑤水族館で博物館の建築デザインを学ぶ『博物館の建築とデザインから学ぶ社会教育』

これまで，高等学校を対象に，美術館，歴史系博物館，科学系博物館

図7　授業で活用したPDA

図8　インターネットで作品の制作作業を共有

が連携し，博物館の建築やデザインから，博物館の機能や役割を学ぶ学習を実施した例はほとんどない．さらに，これらを学ぶための教材開発と，長期的な博物館と学校の連携も見当たらない．そこで当館は，「博物館の建築とデザインから学ぶ社会教育」の事業を実施し，九州産業大学美術館，九州国立博物館，および福岡市内の2つの高等学校と連携した学習活動を行った．

博多工業高校建築科では河川ミュージアムの設計を，九州高校デザイン科では当館の展示演出改造の提案を，それぞれ1年間かけて取り組んだ．この事業では，地域住民へのアンケート調査，フォーラムやワークショップの開催，生徒作品の巡回展示，シンポジウムも開催した．学校では，生徒に専用のペンで操作できる液晶PCを提供し，PCによる水族館の設計や展示デザインの作成に活用した．これらの学習は，職員がインターネット経由で生徒のPC画面を遠隔閲覧し，コメントを入れたり意見交換する仕組みを作った（図8）．

さらに，全国の博物館の建築や内装などのデザインを検索できるWebデータベース「博物館の図鑑」http://museum-guide.jp/ を構築し，約200館の資料を登録した．また一般からも，自分が推薦する博物館のデータを登録できる仕組みを作った．

水族館は教材の宝庫

　これまで紹介した連携学習からもわかるように，水族館が提供できる教材やプログラムは，専門的な学術資料だけでなく，館のすべてが教材になるという意識を持って，あらゆる学びのシーンでの活用を創造することが重要といえる．水族館は学習の宝庫なのである．

参考文献
花輪公雄．2000．我が国における海の科学の教育と研究についての所感．月刊海洋，32（1）：52-57．
堀田龍也．2001．遠隔授業の現状と課題．（堀田龍也．監修）．教室に博物館がやってきた，3-10．高陵社書店，東京，122 pp．
堀田龍也．2002．博物館の情報化は学校に何をもたらすのか．（堀田龍也．高田浩二．共編），博物館をみんなの教室にするために，2-7．高陵社書店，東京，126 pp．
磯野直秀．1988．三崎臨海実験所を去来した人たち．学会出版センター，東京，213 pp．
岸　道郎，間々田一彦．2000．海洋の教育と研究への提言．月刊海洋，32（1）：海洋出版株式会社，東京，pp. 57-59．
文部科学省．2001．21世紀教育新生プラン．文部科学省，東京，11 pp．
中川　修．2003．学校教育と博物館．博物館研究．38（2）：16-19．
中谷三男．1998．海洋教育史．成山堂書店，東京，383 pp．
西　源二郎．2000．館種別博物館機能論—水族館．（加藤有次，鷹野光行，西源二郎，山田英徳，米田耕司編），新版・博物館学講座4博物館機能論，pp. 178-188．雄山閣出版，東京，235 pp．
シップ・アンド・オーシャン財団．2002．総合的な学習の時間における海の利用状況調査報告書．シップ・アンド・オーシャン財団，東京，131 pp．
鈴木克美．1994．水族館への招待．丸善ライブラリー．東京，237 pp．
鈴木克美．2003．水族館．法政大学出版局．東京，275 pp．
高田浩二．2002．博物館を学校の教室にするために．（堀田龍也．高田浩二．共編），博物館をみんなの教室にするために，8-17．高陵社書店，東京，126 pp．
高田浩二．2003a．博学連携が博物館を活性化する．博物館研究．38（2）：4-7．
高田浩二．2003b．水族館におけるPDAを活用した学習環境の開発と実践．日本教育工学会論文集19：185-186．
高田浩二．2003c．水辺環境に関する博物館の役割と課題．水環境学会誌，29

（3）：150-155.
高田浩二，岩田知彦，森奈美，2004．環境保護における水族館の役割を学ぶ教材開発と授業実践．博物館学雑誌，29（2）：27-42.
高田浩二，岩田知彦，堀田龍也，中川一史，2004．水族館教育における学校を対象にしたＩＴ機器の活用とデジタル教材の開発．博物館学雑誌，30（1）：1-20.
高田浩二．2004．海洋教育における水族館の役割に関する研究．東海大学博士論文，115 pp.
樽　創，田口公則，大島光春，今村義郎．2001．博物館と学校の連携の限界と展望．博物館学雑誌，26（2）：1-10.

第14章

高校生の飼育活動──情操教育の場としてのアクアリウム施設

佐々木　剛

　学校教育において，子供たちの飼育活動はどのような意味を持つのか？これから紹介するのは，教師と生徒が一緒になって取り組んだ飼育活動16年の記録である．

　博覧会会場での熱帯魚の飼育活動は市民に高く評価され，市長から感謝状をいただく．博覧会終了後譲り受けた「ナポレオンフィッシュ」を1年以上にわたり大切に飼育．生徒たちはみるみる自信を付け，専門家の道へと歩む．

　東洋一のサケの孵化場がある津軽石川．ここで捕獲されたシロザケの提供を受け，人工授精実験から水槽の設置まで新米教師と生徒たちとでまかなう．「そんな方法では無理，絶対孵化しない」と心配されながら力を合わせ，見事孵化に成功．

　ワカサギが大遡上する5月，閉伊川（へいがわ）河口域の堰堤．自然のリズムに合わせ大量に遡上する魚をみて生徒たちは感動．野外での人工授精実験を試みる．

　貴重な淡水型イトヨと海から河川に遡上する降海型イトヨ．両者とも，生徒の研究活動で確認した．野外調査と飼育実験を繰り返し，地元の小学校に飼育したイトヨを提供．「この川にはね，イトヨがいるんだよ．」と小学生が誇らしげに語る．イトヨの調査飼育活動は地元市民に高く評価された．

　閉伊川の簗場で捕獲された巨大なウナギ．7年間，実験室の大きな水槽で飼育活動が引き継がれた．ある生徒は，3年間皆勤で休まず飼育活

Rearing aquatic organisms by high school students. Utilization of aquarium facilities to nurture their sentiment and respect toward nature.

動に専念．ついには高校で飼育するウナギとして日本一に認定される．地元のメディアに取り上げられ，シンガーソングライターと共演した「ぼくとウナギ」がテレビで放映された．

　このような飼育活動は，もちろん学校教育活動のごく一部にすぎない．しかし，飼育を通した感動体験は，生命(いのち)を大切にする心や他者をいたわる気持ちを育む．

ナポレオンフィッシュ―アクアリウム施設の原点―

三陸海の博覧会

　1992年夏，岩手県沿岸部の三陸地方では，地元あげてのイベント「三陸海の博覧会」が，釜石市，山田町，宮古市の3会場で開催された．そのイベント会場の1つである宮古市には水族館パビリオンが設置され，多くの見物客でにぎわった．

　実は，その水族館の裏方を支えたのは地元にある宮古水産高等学校の生徒たちであった．生徒たちは三浦晋教諭の指導のもと，学校が終わると真っ先に会場にあらわれては，せっせと水槽管理に明け暮れた．生徒たちに水質調整の技術をマスターさせ，世界各地の海水魚や淡水魚を展示した．そして，水族館の見物客をあっといわせたのが「ナポレオンフィッシュ」．この飼育ももちろん水産高校の生徒たちによるものだ．

　「ナポレオンフィッシュ」と聞いただけで雄々しい姿が想像できよう．

図1　水族館パビリオンのあった宮古会場

この魚を一目見ようと長蛇の列ができるほどであった．

学校にナポレオンフィッシュがやってくる

　博覧会終了後，宮古市からは水族館管理の功績をたたえられ，感謝状が贈られた．パビリオン解体後，ナポレオンフィッシュほか多くの展示生物とアクアリウム施設が，学校で管理を任されることになった．

　ナポレオンフィッシュはその後も1年以上生き続け，水高祭（文化祭）のメインとしてポスターを飾る．学校にアイドルがやってきたと多くの生徒たちにもかわいがられた．実験室に行くと，堂々とした体つきで泳ぐナポレオンフィッシュが小さいつぶらな瞳で生徒たちを見る姿は愛おしい．

　生徒たちは懸命に飼育を続けた．その中心となったのは当時海洋生産科学科3年生である．生徒たちはみるみる自信をつけ大学や専門学校に進学し，水族館，養魚施設，水産高校教師へと専門家の道を歩んだ．

　しかし，別れは突然やって来るものである．ある寒い冬の日，その日はやってきた．外は氷点下10度を下るような寒さ，実験室はもちろん氷点下，そうした中でいくらヒーターがあっても水温の低下は避けられなかった．ナポレオンフィッシュは静かに息をひきとった．生徒たちに悲しみが押し寄せた．当時の校長和田忠氏はそれを察し，剥製にすること

図2　生徒たちにより飼育された当時のナポレオンフィッシュ

を提案した．生徒たちの手で育てたナポレオンフィッシュを将来の在校生に残そうと，現在でも校長室の展示棚に飾られている．

アクアリウム施設の活用

　数年後にはナポレオンフィッシュの他，多くの熱帯魚も息耐えた．しかし，アクアリウム施設は残り，その後代々続く生徒たちの飼育活動に一役買うことになる．アクアリウム施設は生徒たちによる飼育活動の原点となった．貴重な生物を採集しても施設がなければ飼育も何もできない．三陸海の博覧会で譲り受けたものは，施設だけでなく生徒たちの活躍の場であったのだ．これから登場する生物はほとんどがこの施設で飼育されたものである．生徒たちの飼育活動は，毎年ふだんの授業や課題研究でも取り組まるようになった．

サケ―はじめての孵化の感動―

絶対，成功するはずがない

　新米教師は地元の水産生物を使って何か教材の開発はできないものか？　思案を重ね……ついに思いついたのがサケの人工受精．最初は何もわからないままのスタートであった．サケをどうやって確保するのか？　一体どうやって孵化水槽をつくるのか？　新しく実験室ができたばかりで施設や設備が整っていない．悪戦苦闘の毎日が続いた．建物はあるが，中身を組み立てていくのは教員1人の仕事である．しかも，他にはクラブ活動や校内の分掌の仕事もある．校内にはサケを孵化するために必要な湧水もない．「学校内の施設ではできるはずがない．」と誰からもあきらめられていた．逆にこの一言が私を奮い立たせた．

サケを譲り受ける

　東洋一のサケ卵の収容数を誇るという宮古漁業共同組合津軽石サケマス孵化場．ここには津軽石川があり，本州で最もサケが遡上する河川として知られている．当時漁協の参事であった長塚正人氏に「水産高校で

図3　津軽石サケマスふ化場

サケの実験をしたいので，譲っていただけないでしょうか？」と依頼をしたところ，快く引き受けていただき，さっそく津軽石孵化場の捕獲場で捕獲した雄サケ1尾と雌サケ1尾を提供していただくことになった．

はじめての人工授精

　サケの人工授精は，新米教師の私はもちろん，生徒たちもはじめての経験であった．教科書によると，卵と精子の取り出し方は切開法と搾出法とがあり，授精方法には乾導法と湿導法がある．覚え立ての知識で，60cmもある巨体を目の前に，さてどうしたらうまくいくか，先生と生徒とのやり取りがはじまった．切開法で卵を取り出した．黄金色に輝く卵がぽろぽろこぼれ出す．搾出法で精子をかける．白いミルクのような液体が勢いよく飛び出す．羽を使って乾導法でかき混ぜる．水を入れて受精させた後，自分たちで作成した孵化水槽に収容した．「先生，本当にうまくいくの？」「大丈夫だ」といいながらも100％自信があるわけではない．「よし，これで発眼卵になるまで待とう」と生徒たちに声をかける．無事の孵化を期待しつつ水槽を見つめると，孵化器の中には受精卵が静かに並び，上面ではろ過器のモーターが勢いよく回っていた．

発眼卵

　1月ばかり経って,「えっ！本当に？」生徒も先生も誰も信じられないことが起きたのだ.「先生,サケの卵に目が出てきました.」と実験室にいた生徒たちがざわめいた.新しい生命が誕生に向かい着々と歩みはじめていた.確かに,市内の小学校などでもサケの飼育を行っているが,その多くが孵化を約束された発眼卵の状態からの飼育で,今回のようにサケの調達からふ化まで自分たちの手で実施するのは生徒たちも初めてだった.

孵化の夢

　夢の中の出来事である.水槽から白い泡が吹き出している.洗濯物を洗っている時に生じるようなあの白い泡が水槽からあふれんばかりに盛り上がってきたのだ.気になって朝早く出勤し,水槽の中を除いてみる.卵黄を抱えた数多くのサケ仔魚が所狭しとお互いに肩を寄せ合うようにしてじっとしているではないか.「絶対,成功するはずがない」「本当に大丈夫なの？」と心配されながら,ついに孵化までたどり着いた.生徒たちも,自分たちが取り組んだ人工授精が成功したことに満足した様子だった.

　その後,サケの人工授精実験は毎年冬に実施される恒例の実験となった.孵化した後は地元の河川に放流した.こうした学習活動を通して,生徒たちには生き物を大切にする心が育まれていくのである.

ワカサギ産卵遡上の感動

えっ,本当にワカサギがいるの？

　えっ,本当にワカサギがいるの？　と生徒たちが駆けつけたのは,自転車で片道20分の閉伊川第一堰堤.3年海洋生産科学科の生徒たちは課題研究の授業でワカサギの話を聞いたのだった.夕方7時,まだかまだかと待ちかまえていた生徒たちに「ウォー,スゲー」という歓声が上がった.

ワカサギの大遡上

　ワカサギの大遡上がはじまった．私が投げた投網が堰堤の下をねらう．すると，100匹以上のワカサギがかかった．身近な場所でこんなに数多くの魚を目にするのははじめての生徒たちである．彼らは捕れたワカサギに目を見張った．

　ワカサギはもともと，閉伊川では確認されていなかった（佐々木，2006）．それを，彼らの先輩が発見して以来，研究が続けられているのだ．産卵場も2年がかりで突き止めた．この第一堰堤が産卵場所だ．第一堰堤には産卵のため水温，透明度，潮汐等の環境条件と密接に関わりながら，ワカサギが海から遡上してくる．

　ワカサギは，5月夕方の日没と満潮が重なる大潮時に大遡上を繰り返す．当日も，授業の中で「今日は大量に捕獲できるぞ」と生徒たちに話をしていた．「まさか，そんなことあるものか」と信じない生徒たちは，実際に野外で目の当たりにすると，驚きの声を上げた．生徒たちだけではない．ここを訪れた多くの大人たちが同じような思いを抱いた．第一堰堤で自然のリズムの不思議さに感動を覚えた人々は数限りない．12年来，産卵遡上の調査を続ける私でさえ，毎年繰り返される大自然のリズムに驚きを隠し得ないでいるのだ．

野外でのワカサギの人工授精

　ワカサギの産卵場に集まった生徒たち約10名は，懐中電灯に照らされながら採集したワカサギの人工授精に取りかかった．搾出法で取り出した黄色の3万粒の卵を取り出した後，もう1人の生徒が白色の精子をかけていく．方法はサケと同じだ．ただ，異なるのは付着沈性卵であること．受精後には粘着卵となり川底の砂礫に付着するのだ．そのため，人工受精には注意が必要である．産業的には，卵の表面の粘着質を分解し，専用の孵化器で飼育するのであるが，実験では掛け合わせた後，クーラーボックスに人工水草を入れ，その上にワカサギ卵を付着させた．

図4　ワカサギの野外人工受精実験を実施した閉伊川第一堰堤

ワカサギの飼育

　ワカサギは10℃前後，約14日で孵化する．自分たちが採集・受精からはじめ世話をした生き物の飼育ほど，孵化の瞬間の感動は何ともいえないものだ．「ワカサギが孵化したようです．」「どれどれ」「どこにいるのかな？」一見すると肉眼では発見しにくい．よくよく見ると全長5 mmほどの針のような細長いものがうようよ動いているのが見えてくる．「見つけた，見つけた，これがワカサギの仔魚なんだ．」と実験室には無邪気にはしゃぐ生徒たちと教師がいた．

イトヨ─希少生物の飼育に取り組む─

大槌町淡水型イトヨの発見

　「大槌町にある源水川のイトヨは淡水型です．」と海洋技術科栽培コースイトヨ調査班が研究成果を披露したのは1998年の水産クラブ発表会であった．イトヨはトゲウオ科の魚で他にイバラトミヨ，ムサシトミヨ，ハリヨなどがいる．いずれも，水温が15度以下の清冽な淡水域でしか産卵しない．そのため，全国各地で絶滅の危機に追いやられている仲間であるが，その当時三陸の沿岸では話題にならなかった．「体も小さいし，食べても美味しくなさそうだ．」「えっ，そんなのがいるの？」ととりあ

ってくれない．見向きもされない魚である．

　しかし，発表後意外な展開となった．地元大槌町が取り上げたのである．もし淡水型であれば，大槌町のシンボルとなる貴重な財産となるとして，専門の研究者からなる「イトヨ調査委員会」が発足した．調査結果から，淡水型イトヨというお墨付きをもらい清冽な環境の指標種として，イトヨの存在は町内のみならず，県内では人々の知られるところとなった．

　もちろん，イトヨには淡水型と降海型が存在する．前者は，淡水域に一生涯とどまるものである．1年中15℃前後の地下水のわき出る環境でないと生存できない．現在のところ岩手県では大槌町でしか確認されていない．これに対して，降海型は春に淡水域で生まれた後，海で生活し再び翌年の春に淡水に戻ってくるというものである．こちらの方は産卵時のみ淡水が確保されればよい．そうはいっても，本州の各地でこの降海型ですら貴重な存在になってきているという（森誠一　私信，2000）．

山口川のイトヨ発見

　大槌町のイトヨの発見から6年たち，生徒たちからテーマの提案があった．「先生，私たちは今年地元河川をきれいする活動をしたいです．」課題研究の時間，生徒たちからの提案であった．彼らは，ふだん生活する中で河川の汚れが気になっているという．何とかきれいにできないか，という提案で地元を流れる県内一汚れた河川とレッテルを貼られた「山口川」で魚類調査から始めることになった．彼らは，地元では一番の魚類の専門家である．もちろん，「山口川」に降りて魚類を調べた人は誰一人いない．生徒たちはあえて，胴長をはいて誰も立ち入らない川へと入っていった．「先生，何かいます．」と発見したのはなんと，「イトヨ」である．私は，飛び上がるほど驚いた．清冽な環境でしか産卵できないイトヨがこの山口川に，しかも1匹ではなかったのだ．合計10匹の成熟したイトヨが捕獲された．このニュースは次の日地元紙夕刊のトップ記事を飾った．「宮古水産高生徒　イトヨ発見　山口川の汚名返上」と書かれた記事は多くの人々に衝撃を与えた．ふだん，山口川を汚れた川だと思っている市民にとって耳を疑う記事である．「まさか，あの川で」「たまたま紛れ込んできたのかも」「でも，きれいになっているのか？」と．近年の下水道の整備によって川はよみがえっていることは間違いな

図5 山口川調査のようす

い．今まで誰もやらなかった魚類調査活動に生徒たちは自信を持った．「やればできる」と．もちろん，この地元での賑わいぶりは大槌町での発見が土台となっている．もし，大槌町で淡水型イトヨが発見されていなければ，地元の人々がここまでイトヨに注目することがなかったのだ．「継続は力なり」である．生徒たちの頑張りに拍手を送りたい．

山口川産イトヨの飼育活動

「山口川産イトヨはどれだ？」「新聞で読んだんだが，一体どんな魚なんだ？」とアクアリウム施設のある実験室に訪ねてきた．「ほう，こんなに小さいのかい？」「是非，地元の山口小学校に寄贈したらどうか？」実は，生徒たちは山口川で採集したイトヨを飼育し，水槽内での産卵に成功させ，稚魚を育てていたのである．「それは良いアイデアですね．」と飼育を担当した女子生徒が賛同してくれた．

さっそく，地元小学校に問い合わせ，寄贈することになった．「イトヨの赤ちゃんを贈呈します」と女子生徒が訪問すると担当の平野先生から「ここまでよく育ててくれました．ありがとう．」とねぎらいの言葉をいただいた．小学生たちにとっても高校生にとっても喜ばしいことだった．ある時，山口川で魚類調査をしていると，小学生が「この川にはね，とても貴重なお魚，イトヨがいるんだよ」と誇らしげに語りかけてきた．もちろん，私達が発見したことはその小学生は知らない．また，FMラジオの番組で山口小学校児童会が紹介された．「我が校の自慢は，山口川のイトヨです．」との言葉に，イトヨ調査した生徒たちは胸が詰

図6 小学生とイトヨ水槽の前で

まる思いをしたのだった．
　こうしたイトヨの調査・飼育活動は，継続的で地道な取り組みではあるが，生徒たちに「魚を調べることでみんなに喜んでもらえる，地域社会に貢献できる」という自信と誇りを持たらしたのだ．

ウナギ―巨大ウナギの長期飼育―

ウナギの飼育ぼくがやります

　「ぼくがウナギの担当します」と入学してまもなく，生き物の飼育が大好きという佐々木政雄君が名乗りを上げた．中学時代は柔道部に所属していたが，高校では生き物の飼育に専念したいと私を訪ねてきたのである．さっそく，ウナギを案内した．全長が98cm，体重1.5kgという大きなウナギである．このウナギは，地元閉伊川の中流域にある宮古市新里の簗場で1997年に捕獲された天然のウナギ．当時も，巨大なウナギとして地元でも話題にのぼった．彼の使命は，餌付けである．本来，この捕獲された天然ウナギは生餌しか食べない．それを，人工餌料に転換させること．さっそく彼は，昼休み時間にはウナギの水槽を前に自分のお弁当を美味しそうにほうばる．それから，ウナギの餌付けが始まるのである．それまで，人になつかなかったウナギであったが，彼が近づくと顔を出すようになった．
　「先生，ウナギが餌を食べました．」とある日報告を受けた．彼の努力

によって，みごとに餌付けに成功．人工飼料をパクパク食べるようになったのだ．みるみる体も大きくなり，とうとう1mを超えるようになった．

ついに1mを超える

政雄君の愛情こもった飼育のおかげで，ついに全長が1mを超えた．ある日，日本一を認定する団体「日本一ネット」にメールで照会した．「実は，今学校の水槽で1mを超えるウナギを飼育しています．日本一ではないですか？」と．しばらくしてから，水産高校で1mを超えるウナギを飼育しているのはただ1つ，「日本一ウナギを飼育する水産高校」という証明をいただいた．数日後には，日本一の認定証と飼育を担当した政雄君の写真が地元紙に紹介されることになった．文化祭には「日本一のウナギ」を見るために多くのお客さんが見物に来られた．ウナギといっしょに記念写真を撮る家族連れもいた．地元テレビ局のIBC岩手放送からも声がかかり，土曜日午前中のバラエティ番組で岩手県内の日本一シリーズとして取り上げていただいた．撮影された当日は，ちょうど，政雄君はマグロ延縄実習でハワイ沖から日本へ向かう途中であった．そのため，彼と一緒に行動したクラスメートが参加した．「このウナギに対する思いは？」とアナウンサーに意見を求められると，ある生徒は「世界一大きなウナギに育て，我が母校を世界中に知らしめるたい．」という熱い思いを語った．番組を見ていた方からは「水産高校の生徒さんは立派な生徒さんですね．」と賞賛の声があがった．ウナギの

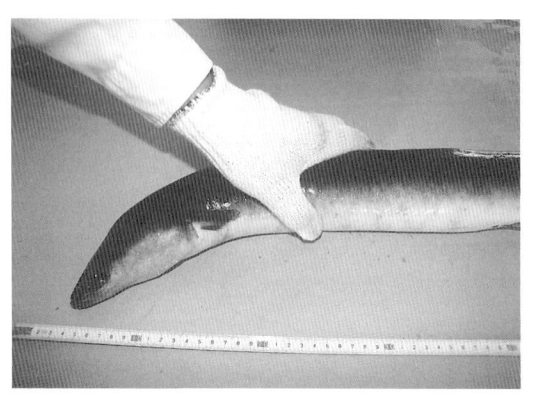

図7　閉伊川で捕獲された当時の巨大ウナギ

飼育に対する彼らの思いは多くの人々に伝えられた．

そして，このデビューは意外な展開を見せることになった．テレビでおなじみのシンガーソングライターとの共演が催されたのだ．

はなわさんとの共演

「日本一のウナギと飼育係の政雄君にぜひ陸中海岸国立公園50周年記念番組に出場してもらいたい．」と要請があった．2005年の春．ウナギを飼育して8年目のことであった．陸中海岸で自慢できるものを紹介する番組に日本一のウナギと政雄君を出したいとのことであった．しかも，今回は50周年記念番組で，シンガーソングライターはなわさんに来ていただくことになっているという．しかも，日本一ウナギを3年間育て続けた思いを歌にしてくれるというのだ．ウナギと政雄君には大きなプレゼントとなるのではと，本人と学校の承諾を得て取材に協力することになった．

これがウナギか？

下見のため東京からはるばるやってきた芸能プロダクションの皆さんは1mを超えるウナギを見て驚いた．「これがウナギ？」ディレクターがウナギを見たときの第一声である．「これはいける．いいです．」と主任ディレクターとさっそく打ち合わせがはじまった．「ウナギを取り出すことはできますか？」「食べると何人前」「20人分ぐらい？」「どんな餌を与えているの？」と興味津々．「政雄君にウナギの歌の歌詞をつくっておいてもらってください．」といい残すとさっそく次の場所へと移動した．

撮影当日

「政雄君，歌詞はできたか？」「はい，このようなものをつくってきました」と彼がつくった歌詞は次のようなものであった．

　　ぼくとウナギ
　　1年生からこれまで高校3年間
　　ずっと餌を与え続けてきた
　　どんどんおおきくなってきた
　　やったー　いつの間にか
　　ついに日本一
　　ばいばいばい，ばいばいウナギ

ぼくは卒業するけれど……

　この歌詞を撮影当日はなわさんに見せると，即興で曲をつくってくれた．3年間休まず実験室に顔を出しせっせとウナギの世話をした政雄君へのねぎらいの歌となった．

おわりに

　学校教育において子供達の飼育活動は，特別な意味がある．それは，教師や生徒同士のやり取りの中で，自分たちが世話をする生き物たちについて，五感を通して学ぶことができることである．

　これまで紹介してきた数々のエピソードは単なる教科書を教師が教えたり，あるいは子供たちが教科書だけから学ぶものではないところに，大きな意義がある．つまり，飼育活動には生命の営みを通した様々なドラマを見ることができるのだ．そこに感動があり，精神の揺さぶりがあり，新しい発見がある．実際の生命の営みの神秘さや不思議さに生徒と教師はともに感動しあうのである．この感動を味わうことに本当の学びの神髄が隠されている気がしてならない．

　最後に，生徒たちの飼育活動を見守り続けた宮古水産高校をはじめ，飼育魚，飼育機材，写真等の提供をいただいた閉伊川漁業協同組合，宮古漁業協同組合ならびに同津軽石川サケマスふ化場，宮古市役所，岩手県立水産科学館，そして多くの声援と励ましをいただいた地元の関係各位に感謝申し上げる．

参考文献
井田　斉（1991）．宮古の魚類図鑑．宮古市役所．
森誠一（1997）．トゲウオのいる川．中央公論社．
中坊徹次（1993）．日本産魚類検索―全種の同定―．東海大学出版会．
佐々木剛（2006）．遡河回遊型ワカサギ個体群の教材化と野外生態研究　高校生とともに歩んだ10年．猿渡敏郎編著，魚類環境生態学入門，東海大学出版会．
佐々木剛・猿渡敏郎・渡邊精一（2002）．岩手県沿岸におけるイトヨの生活史．50（1），117-118．水産増殖．

Sasaki, T., T. Saruwatari and S. Watanabe (2003). Spawning ecology of anadromous Wakasagi, *Hypomesus nionensis* inhabiting Hei River in Iwate, Japan. Suisanzoshoku, 51 (2), 141-150.

第15章

水族館と大学教育 —東海大学海洋学部を例に—
日置　勝三・山田　一幸

　水族館は，多種多様な水生生物について環境を整備し，健康な状態で飼育展示している．それが飼育係（学芸員）の観察と努力によって支えられていることはいうまでもなく，数十年という非常に長い年月で飼育されている生物も少なくない．

　水族館は潜水調査など野外観察と違って，24時間いつでも観察がしやすいように作られているのが特徴である．水族館の飼育係は1日中飼育動物と行動をともにしていて，繁殖など普通ではなかなか見られない行動を観察する機会に恵まれている．偶然に新しい現象や事実が発見された場合も少なくない．いくつか例をあげると，マツカサウオの発光現象が発見されたのは今からもう100年近く前のことになるが，1913年に開館した魚津水族館で，開館1年後たまたま停電に遭遇したときのことなのである．チョウチンアンコウの発光現象が詳細に観察されたのも江ノ島水族館で1967年に海岸で採集され，8日間飼育されたときの水槽観察でのことである．また後で述べるように，魚類の性変換（転換）現象も水族館で数多く見つかっているし，さらに，魚の繁殖の観察や育成も多くが水族館で行われている．最近出版された『稚魚の自然史』の中に東海大学海洋科学博物館での魚の繁殖について『水族館での貢献』として紹介されている．光栄なことである．

　そもそも水族館には，それだけたくさんの種類の生き物が集まっていること，それに触れ合っている時間が長いという条件があるから発見が多いのである．飼育係の当直制度のある水族館では夜間の見回りの際に思わぬ発見もある．また，活発な採集活動と調査によって，次々に新し

University education at public aquariums.

図1 ナポリ海洋研究所水族館
A：全景．B：水族館内部．

い生物が補充され，その中には新種の発見などもある．まさに研究材料の宝の山である．海洋生物などの水族を研究対象としているが，大掛かりな設備を備えていない大学，研究所にとっては，喉から手が出るほどの魅力がある現場だといえるだろう．もちろん水族館学芸員の研究現場でもあるが，大学，水族館両者が協力すれば，よりいっそう研究が発展することは間違いなく，また大学生の教育にもなくてはならない．そんな必要性から，大学・研究所に付属された水族館も少なくない．

世界では，今から130年以上前の1874年にイタリア，ナポリの海洋研究所に付属水族館が建設され，現在まで継続されている（図1）．1910年にヨーロッパの生物研究所を紹介した記事には，その当時存在した35の実験所のうち16施設に一般公開の水族館があったとされている．

日本においても大学付属水族館の歴史は古く，今から116年前の1890年に東京大学三崎臨海実験所に水族館が開設され，その後も，国立大学附属水族館の建設が進み，1968年の九州大学農学部水産実験所附属水産増殖科学館（津屋崎水族館）の開館までに全国で10館が開館している．

1970年には私立大学で唯一の水族館，「東海大学海洋科学博物館」が開館した．それ以降，現在まで日本において大学附属水族館の建設はない．ここでは東海大学の水族館で進められている大学生教育の現状を紹介してみたい．

東海大学海洋学部と東海大学海洋科学博物館（水族館）の特徴

　東海大学海洋学部は1962年に海洋資源の宝庫である駿河湾に面した静岡市清水区折戸に開設され，現在水産学科など9学科を設置する，わが国で唯一の「海洋学部」である．海洋調査研修船「望星丸」（2174トン）を所有し，2006年現在の在学生数は大学院生を含めて2520名である．海洋学部の中で水族館と密接な関係を持つのは水産学科および海洋生物学科であるが，他の学科の利用も少なくない．

　東海大学海洋科学博物館（図2）は，1970年5月2日に静岡市清水区三保に開館した．1階部分が水族館で，2階が科学博物館，3階が研究室という3つの機能を統合した博物館である．

　開館当時，水深6m，水量600m^{3}という全面ガラスの海洋水槽（図2B）は，世界一の規模を誇り，ユニークな円柱型水槽（図2C），や一般水槽（図2D）を有する水族館として脚光を浴びた．開館当初より海洋学部と密接な関係を保ち，水族館部門には1～3名の教員を含め，10名前後の学芸員が在籍し，研究を進めるとともに，博物館実習や卒業研究など後述のような大学生教育の指導を行ってきた．また水族館学芸員2

図2　東海大学海洋科学博物館（水族館）
　　　A：全景．B：海洋水槽．C：円柱水槽．D：一般水槽．

～3名が非常勤講師として海洋学部の授業を担当している．

水族館での大学教育

東海大学海洋科学博物館では大学生に対して以下の7項目の教育を行っている．

1) **授業の一環としての教育**：主に海洋学部の学生が「魚類学」「水産動物生理学」などの授業で博物館を利用している．授業内容に関連した課題を持って，水族館に学生が個々に訪れ，飼育展示されている実物の海洋生物の形態観察をはじめ，各種の魚の鰭の動きや，呼吸数を調べるなど多様な魚類の行動観察を行う．1年間に水族館を利用する授業科目数および人数は2003～2005年度の例では，11～14科目，人数は832～1074名である．

2) **博物館実習としての教育**：博物館学芸員資格取得のための実習を行っている．水族館の実務を各コースに分かれ8日間行う．小学生対象の教育活動であるサマースクールの運営や水族館の特別展（図3），各種行事の実施，または観覧者調査などを行う．主として海洋学部の学生であるが，湘南校舎や学園の他大学（北海道東海大学，九州東海大学）も含まれ，少数では有るが，麻布獣医大など外部の大学の学生も実習をしている．1年間に博物館実習として当館を利用する大学生は平均約100名である．また，半年あるいは1年の比較的長期にわたって，インターンシップとして自主的な飼育実習を行う学生も毎年4～5名ある．

3) **卒業研究としての教育**：水族館で卒業研究を行う学生は，海洋学部水産学科，および海洋生物学科所属の学生が中心であるが，初期には海洋工学科，最近では海洋科学科所属の学生も含まれている．手前みそになるが，当館での卒業研究は実学として評判で，希望者が多く，かなり狭き門なのである．1970年の開館当初から現在（2005年度）まで毎年15名程度が水族館に所属して卒業研究を行っている．学生室，研究室が整備されており，ここに在籍する．

まとめられた卒業論文の数は2006年度までで236篇におよび，これに携わった学生数は520名である．教員・学芸員との長期にわたる，まさに寝食を共にした調査や，指導が必要となり，受け入れ側の教員・学芸

図3　サマースクールで小学生を指導する博物館実習中の学生
　　　上：ガラス水槽のセットを指導する実習学生.
　　　下：地引網で捕れた魚を説明する実習学生.

員の数に制限されてしまう．もちろん設備や，スペースなどの要因もあり，現在の学生数が受け入れの最大数である．

　卒業研究のテーマは，主として水族館の飼育設備を利用した海洋生物に関する研究と，当館が位置する駿河湾をフィールドとする野外研究である．飼育設備を利用した研究には初期には「イワシ類の高密度長期飼育に対する基礎研究」など飼育技術や魚類の行動に関するテーマが多かったが，最近では「スズメダイ科やイソギンポ科魚類の繁殖習性と初期生活史」など魚類や甲殻類の繁殖と育成に関する研究が増えている．野外研究は初期には「内浦沿岸におけるキンギョハナダイの生態」など潜水による生態調査を毎年3〜4テーマ行っていたが，最近は1〜2テーマに減少している．

以下に主な研究内容を分野別に集計してみた．

表1　卒業研究内容の分野別集計（編数）

魚類の繁殖・育成に関する研究	63	飼育水の水質に関する研究	8
魚類の活動リズムに関する研究	33	魚類の行動観察に関する研究	7
魚類の雌雄性に関する研究	22	水族館に関する総合的な研究	5
潜水による魚類の生態研究	17	観覧者調査に関する研究	3
潜水による無脊椎動物の生態研究	17	漁業に関する研究	2
甲殻類の繁殖・育成に関する研究	12	飼育技術に関する研究	1
魚類生理に関する研究	10	餌料生物に関する研究	1
バイオテレメトリーに関する研究	10	その他	17
魚病薬に関する研究	8		

4）　**研究生研究としての教育**：卒業研究とそれぞれ同様な内容で進められている．2006年までに59編の研究がなされている．

5）　**大学院生（修士）研究としての教育**：卒業研究や研究生研究と同様な内容で進められている．2006年までに23編の研究がなされている．

6）　**新入生ガイダンスとしての教育**：博物館が位置する三保の地は東海大学発祥の地で，毎年大学に新しく入学してきた学生に対して，4～5月期に研修会が行われる．これには海洋学部学生はむろんのこと，平塚市にある東海大学工学部，教養学部などの学生が多数参加し，博物館を利用している．毎年平均6000人ほどが訪れ，要請があれば学芸員が解説・案内を行っている．

7）　**学生ボランティアとしての教育**：水族館で開催される各種教育行事や，週末に行われる幼児から子供対象のキッズコーナーの解説や実務などを担当する．これは学生からの自発的な活動であるが，最初に学芸員の指導を受けている．活動中も学芸員が指導を行い，海洋生物や水族館についての理解を深める機会になっており，インターンシップとして教育を受けている形でもある．2006年現在海洋学部学生15人が登録されている．

研究の内容

ここでは上記の水族館の大学生による研究活動の一部を紹介する．

1） **魚類の繁殖・育成に関する研究**：この研究項目は，現在当館の主要な研究となっているもので，卒業研究項目の中でもっとも論文数が多い．水族館は多種多様な種群の魚類を飼育展示しており，水槽の中で産卵あるいは出産する種も少なくない．当館で観察された魚の繁殖種数は開館から2006年12月末までの記録で228種になる．水族館は自然を紹介し，自然保護と環境教育の重要性を啓発する機関である．そのためには展示魚類を自然から採集するよりも，水族館で繁殖育成に努力するべきであるという目的によって進められている．

繁殖は多くの種で見られるものの，卵から孵化した小さな仔魚を大きく育成するのは困難が多いことも事実である．特に仔魚に与える餌料の問題が多く，繁殖した228種のうち親と同じくらいの大きさまで育てることができたのは54種である．しかしこれだけの種数を育成できている水族館はほかにはない．

水産重要種については国の栽培漁業センターや水産試験場などで力をいれて種苗生産として努力している．それ以外の種の育成を進めているところはほとんどないので，水族館の重要な役目ともいえる．水族館では大型水槽を擁し，小規模な水槽では繁殖できない大型魚種についても期待でき，大学等では困難な研究にも取り組むことができる．水族館の飼育設備や技術の充実もこの研究テーマにはなくてはならない条件であろう．

水族館で良好な状態で飼育されている魚は，注意深く観察すれば比較的多くの種で繁殖を見つけることができる．ただし，浮性卵を産む種は，産卵行動の時間も短く，産み出された卵は分散してすぐに見えなくなってしまうので，その瞬間に出会わないと見過ごしてしまうことも多い．産卵を見つける目的を持って館内を巡廻して水槽を観察する必要があり，そこで威力を発揮するのがトレーニングを受けた多勢の学生の観察眼なのである．先述のような他の水族館に見られない多くの繁殖発見も，このような学生の観察が大いに貢献している．もちろん研究対象の魚種を先に決めて進める場合もあるが，その場合にも多数の観察眼は有効である（図4）．

産卵時刻があらかじめわかっている種の産卵行動を観察するのは比較的容易であるが，産卵時刻がわかっていない種について観察する場合は，

図4 水槽内で観察されたチリメンヤッコの繁殖行動（日置・鈴木，1995）．
1．雄（白色）は雌（黒色）の前方で一瞬静止してすべての鰭を拡げ，体全体及び尾鰭を細かく震わせ求愛する．2．雄は雌に対して体側を誇示する求愛を行う．3．雌が雄の前方ですべての鰭を拡げ静止して求愛する．4．雄は雌の腹部に吻端を接触させた状態で2尾とも水面付近までゆっくりと上昇する．5．水面直下で雌雄同時に反転して放卵・放精する．その後雌雄は急速に水槽底に下降する．

水槽前に陣取って，夜なべで観察を続けることになる．夜中になると眠くなってくるので，辛抱して頑張らないとつい居眠りをしてしまい目がさめたときにはもう産卵が終わった後，ということも度々ある．

産卵が確認されると浮性卵なら，卵を掬い取り，あらかじめ用意した別の水槽に入れ，飼育を開始する．繁殖を確認するのに徹夜が続くことがあるが，その先もしばらくは休めない状態が続く．時間ごとに卵を顕微鏡で観察し，発生の確認と同時に写真撮影とスケッチを行う（図5B）．卵が孵化して1～3日後には仔魚に餌を与えるので，その用意が必要となる．餌は小さな生きた動物プランクトンで，事前に大量に培養しておく．餌を食べているかどうかの確認も重要である（図5A）．時には病気が発生し，全滅することもある．水槽の海水も取り替え（図5C）などの作業を次から次にこなす．かなりの気力と体力，それに魚を飼うセンスの要る研究である．

それでも小さな仔魚が餌を食べ，徐々に大きくなっていく様子を見たときの感激は忘れられないものである．また育てた魚が大きくなればなるほど喜びも増す．このようにして積み上げられてきた成果がカクレクマノミ（図5D）など先述の54種である．水族館における繁殖研究は当館が先駆的に行ってきた．今では各地の水族館で多くの成果を上げているが，当館の卒業生がその中心的存在となっている水族館も少なくない．

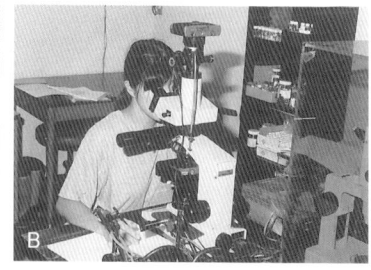

図5 魚類の繁殖・育成に取り組む学生
A：仔魚に動物プランクトンを与える．B：卵・仔魚の観察とスケッチ．
C：水槽の換水．D：大きく育ったカクレクマノミ．

甲殻類の繁殖・育成に関する研究については基本的に対象動物群が変わるだけで魚類の繁殖・育成に関する研究とほとんど同様である．

2） **魚類の活動リズムに関する研究**：動物にはどんな種類にも体内時計があるとされている．しかし魚類では，その行動とその体内時計の関係が明らかにされている種は少ない．同じような環境にすむ，たとえば小さなベラ科の数種でも夜間海底の砂に潜ってしまうもの，海藻の根元などに潜むもの，岩の間に潜むものなど行動は多様であり，それぞれの種の行動（活動リズム）を細かく調査することによって，体内時計と行動についての関係が明らかになってくるのである．

調査方法は，1日のうちの明暗サイクルを打ち壊した環境，つまり1日中明るいまま，あるいは暗いままの条件を作り，そのなかで魚がどのような行動をするかを調べる．1日中明るい状態にすると魚は休まないのか，1日中真暗な状態で魚は活動しないのか約10日間の単位で何回も調査する．観察の方法は，水槽内に赤外線のセンサーを設置し，そこを魚が通過するとカウントされ，記録する．これだと暗黒状態のときでも困らない．このようにして1日のうちの活動時と休息時の状況を調べる

ことで，体内時計への依存度を解明することができる．種ごとに調べることで，行動と体内時計とのかかわりが解明されてくるのである．

一方で，自然界の行動と比較することも重要で，野外でも観察を行う．海では，センサーを使うことはできないので，担当をきめて3時間ごとに潜水して観察することになる．真夜中の観察は，ライトだけが頼りの少し不安な気持ちがよぎる潜水であるが，昼間の海では見られない動物に出会う楽しみもある．

魚を飼育する技術，潜水技術，そしてたくさんの水槽で魚を観察できる水族館の特性を生かした研究である．

3） **魚類の雌雄性に関する研究**：魚類には比較的多くの種で雌雄同体現象，つまり一生の間に雌から雄，逆に雄から雌に性転換することが知られている．これらの現象は水族館ではじめて発見された種が少なくなく，それも当館で明らかにされた種が多いのである．水族館飼育魚の性転換に伴う体色変化が偶然発見されたり，また計画的に性転換の様子を連続的に観察記録できるのも水族館の強みといえよう．

たとえば体色が雌雄で著しく違うキンチャクダイの仲間は水族館展示水槽で性転換することがはじめて発見されたのである．端緒はタテジマヤッコという体長15cmほどのサンゴ礁にすむ魚について，水槽内で繁殖行動を観察していたときのことである．タテジマヤッコは1尾の雄が数尾の雌を統率するハレムを作って毎日繁殖を行う．水槽内でも同様の繁殖行動が観察された．つまり雄が毎日夕刻に複数の雌に次々に泳ぎ寄って求愛を行う．その後，次々に雌雄そろって放卵・放精を行う（図6）．学生たちは，そんな繁殖行動の観察や，写真撮影に毎日水槽前に

図6　タテジマヤッコの求愛・繁殖行動
A：求愛行動，左が雄（腹鰭の黒色に注意）　B：産卵直前の雌雄，左が雄

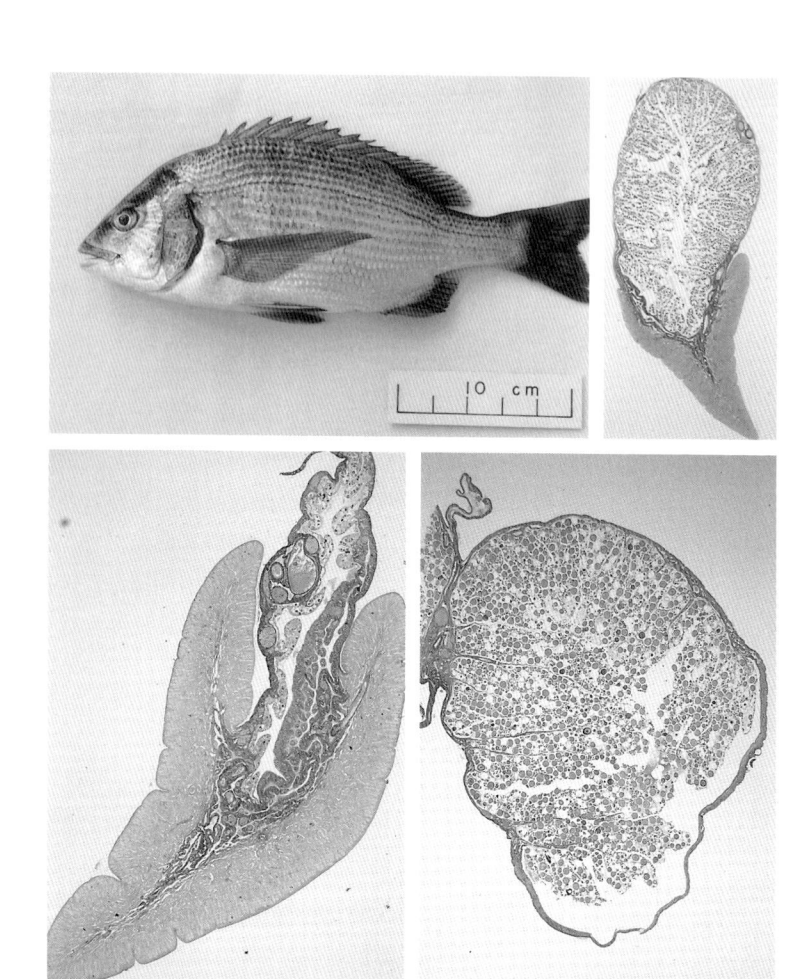

図7　雄性先熟をするクロダイの生殖腺
　　　左上：クロダイ．　TL：304mm　8月．
　　　右上：明瞭な卵巣部と精巣部を有する両性生殖腺．　TL：315mm　8月．
　　　左下：卵巣部が退縮し精巣部が拡張した両性生殖腺．　TL：337mm　8月．
　　　右下：精巣部が消失した成熟卵巣．　TL：462mm　6月．

陣取って作業を進めていた．そんな最中のある日，ハレムを統率して繁殖していた1尾の雄が突然死んでしまったのである．皆一同がっかり，もうこれで観察もできなくなると落胆していた．ところが，次の日に水槽を見ると，残された雌の中の一番大きな個体に腹鰭の色が少し黒くなる体色変化の兆候が現れたのである．雄の腹鰭は真黒なのが特徴なので

ある．しかもこの雌は雄と同じように他の雌に求愛を行ったのである．観察を続けると12日後には体色も完全に雄に変化し，他の雌とともに繁殖し，卵も受精させたのである．つまり，雌のグループを統率していた1尾の雄が不在になると，残された雌のうちの一番大きな個体が短時日のうちに，体色，行動，生殖腺を雌から雄に変化させて，繁殖を継続することが発見されたのである．本当に驚きの連続であった．それでは他のキンチャクダイの仲間はどうだろうか，ということで調べるとほとんどの種で次から次に性転換の現象が発見されたのである．この研究もまた多くの種を飼育して，じっくり観察できる水族館の利点ともいえる．

性転換は雌雄の体色に相違がない種でも見られる．種の生態がわかること，性転換の仕組みや，きっかけなど興味深い事実が次々に明らかにされるのである．学生たちは，水槽前での，行動観察や写真撮影をはじめ，組織観察のための生殖腺のパラフィン切片標本の作製，顕微鏡観察による卵巣から精巣に変化してゆく過程の確認などを行い研究を進めていくのである（図7）．

また水槽飼育魚に限らず，標本を海から採集する場合も少なくない．潜水調査と並行して行う潜水採集，釣り採集のほか，明け方に操業される底引網や定置網などの漁業船に同乗させてもらって標本を採集することも多い．わざわざ乗船するのは鮮度の良いうちに標本を固定しなければ腐敗が進み，良い切片標本が作れないからである．潜水採集された魚も処置は速くしなければならない（図8）．かなりの注意と努力が必要なのである．

図8　潜水採集直後に行われるハナダイの仲間の生殖腺の固定風景

4) **観覧者行動に関する研究**：水族館を訪れた観客がどのように水槽を見学し，どの魚に興味を持ったかなどを調査し，水族館の効果的な展示のあり方や今後の展示改修などの参考にするための研究である．方法としては，観客の来館目的や展示に対する評価を調べるためのアンケート調査と，観覧状態を調べる行動観察調査などがある．アンケート調査では，住所や来館回数，来館動機などを自由に記入してもらう．行動観察調査では，来館者の中から対象者を選び出し，見学している様子を入り口から観察しながら学生が記録をしていくのである．観覧者の後を着かず離れず，観覧行動に影響が出ないようにして記録してゆく．どの水槽を何分ぐらい見ているか，どの魚に興味を持ったか，途中どのように休憩していたかなどを観察記録するのである．観客に不愉快な思いをさせないようにかなり気を使ってやらないと，迷惑をかけてしまうことになる．

これらの調査の結果，観客がどんな魚に興味を持つか，どれだけ解説を読んでいるかなどがわかり，水族館の運営や展示改善の資料になるのである．この研究は観客と水族館資料を結び付ける重要な研究である．

5) **バイオテレメトリーに関する研究**：海洋での，魚をはじめとする海洋動物の行動を調べる目的で，体に発信機をつけてそれから発信される音波を受信して情報を得て調べる研究である．移動場所がわかること，移動水深や水温がわかる．また動物の心拍数など生理学的なデーターも受信して調べることができる．水族館での研究は主に大型魚類に発信機を取り付ける方法を開発することである．その方法として，体の一部たとえば背部に取り付ける「鞍掛型」，鰭などの一部にテグスをつけて長く伸ばし，その端に発信機をぶら下げる「曳航型」，胃の中に発信機を押し込んでしまう「呑込型」などが開発された（図9）．主として大型のブリやスズキ等に前述の方法で発信機を取り付け，それが魚に影響を及ぼさないか，とれてしまわないか，などを研究する．当館の海洋水槽は前述のように全面ガラス張りで容量も600m^{3}あり，この研究には取り付け状況や，魚の行動などが観察しやすく，最適の環境条件である．

この研究を開始してすぐの頃に，海洋水槽内の1尾のブリに呑込型の発信機を取り付けたあと，いつもの通り音波を受信して魚の行動を調べる班と，ガラス面からの観察をする班とに分かれ調査をしていたときの

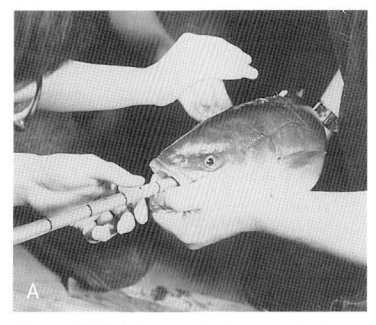

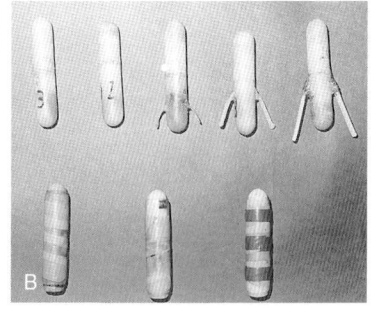

図9　開発当初のバイオテレメトリーの研究
　　Ａ：ブリに発信機を呑込ませているところ．Ｂ：各種呑込型発信機のモデル．

ことである．受信機で遊泳状態を観察していると，突然動きが止まってしまったのである．そこで水槽ガラス面の観察班と連絡をとると，同水槽内の体長1mほどの大型ハタの仲間クエが，発信機を取り付けたブリを丸ごと食べてしまったという．クエは水槽底面付近にじっとしていてあまり動かず，泳いできたブリを待ち構えて食べたのである．アクシデントであるが，まさに現象が正確に受信され，実証されたのである．実験そのものは，その時点で終了してしまう結果になったが，色々な意味で実際に正に目に見える形で成果が確認されたのである．

　バイオテレメトリー技術は当時海洋学部の故市原忠義教授によって日本で先駆的に推進された研究である．これらの成果は，本州と四国を結ぶ鳴門大橋の建設の際に，工事がその周辺にすむ魚類にどのような影響を与えるかを観測する調査に活かされた．

　6）　**魚類の行動観察研究**：水族館水槽ではいうまでもないが多種多様な魚が遊泳している．回遊生活を行うブリやマグロの仲間など遊泳性の強い魚類の行動を，長時間にわたって自然界で観察するのはかなり困難を伴う．このような生態を調査するには水族館水槽，中でも大型水槽は最適の条件にある．遊泳状態を観察すると，日周期的に変化する魚種が多い．ブリやマグロの仲間などは，通常水槽内で24時間遊泳を続け，停止して休むことはない．しかし，昼夜にわたって魚の泳ぎを観察し遊泳速度を計ると，この仲間は昼には餌を求めて活発に泳ぐが，夜には行動が不活発になる．照明の消えた状態，つまり夜間には速度はゆるめて

休息をとっているのだ．

　最近ではビデオカメラなどの測定機器が有るが，以前は目視観察が主流で，24時間連続の観察になる．現在でも確認のためには機械任せにはできず，やはり目視観察は必要である．こんな努力で次々に魚の生態が明らかにされてゆくのだ．

　7) **潜水による魚類の生態研究**：水族館が位置する駿河湾をフィールドとする野外研究で，水族館の主な調査地点は沼津市の大瀬崎の直ぐ手前の江梨海岸である．1970年当時，スクーバーの発達によって，研究者自身が潜水して魚類の生態を調査すること自体が草分け的であった．先駆的な活動を行った当時の教員，学芸員の大きな研究項目でもあった．これに参加する学生はもちろん潜水できることが第一条件となる．技術だけでなく，免許などの資格も必要となる．当初から技術の優れている学生もいるが，中には潜水することが精一杯で，魚を観察するどころではない学生もいる．興味があり熱心な学生であるので，直ぐに上達して観察に熱中した．1魚種を対象に1年間，月毎に潜水調査を行う．どのような群を作り（図10），いつが繁殖期で，その行動はどのようなものか，仔魚はいつ出現するか，などを丹念に調べる．潜水時間には制限が

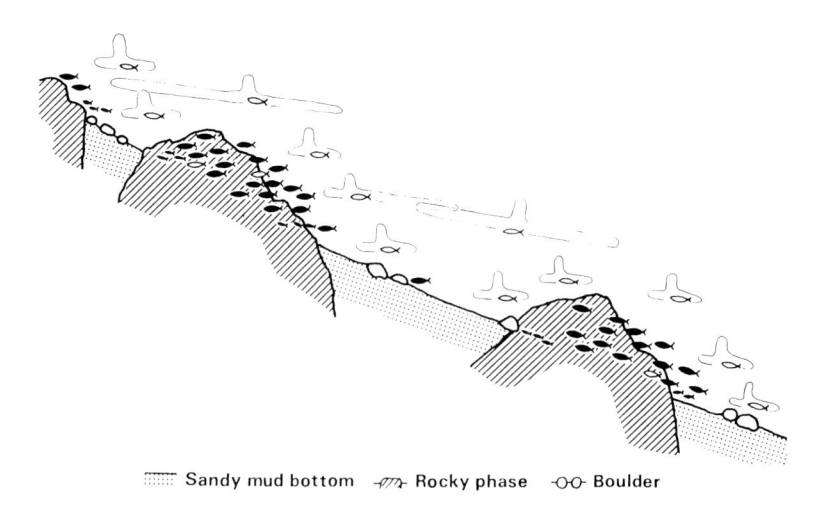

図10　海底におけるキンギョハナダイの群れの構造（鈴木ほか．1978）．
　　　雌は雄に比べると遊泳範囲が狭く海底近くに停留する．これに対して雄は広範囲を活発に遊泳する．白色の魚：雄，大きな黒色の魚：雌，小さな黒色の魚：幼魚．

あり，また夜間は危険などの理由から，採集した魚の水槽観察で詳細に調べることもある．そこがまた水族館の強みなのである．

　水族館の潜水調査は，採集業務の一環として行うことが多い．1日3回潜水する状況では2回は採集で，1回が調査となる．採集にも学生が手伝う．学生と職員の助け合い，持ちつ持たれつという実感がこんなときにも感じられるのである．水深30mほどでスクーバをつけ網を張り，魚を追い込むとき，素もぐりで手伝う豪傑学生もいる．

　潜水による無脊椎動物の生態調査も同様で，対象種はエビ，カニ等の甲殻類が多いが，中にはハゼとテッポウエビの共生の生態調査もある．つまり魚類と甲殻類の両方の観察調査ということになる．

卒業生のその後

　以上のように東海大学海洋学部の学生が卒業研究として1年間当館を利用して，まとめた論文の数は，2006年度までで236篇におよぶ．またこれに携わった学生数は520名である．誰もが学部では経験できないような卒業研究を行い，学生生活を満足して生活し，すごしていった若者が多い．

　若者をめぐる最近の社会現象として，フリーター志向と仕事をすぐにやめてしまう短期離職が大きな問題となっている．その解決策の1つとして，学生が実社会の企業などで実習するインターンシップ制度がある．当館における卒業研究は，水族館という実社会の中で長期にわたって研究を進めているので，インターンシップに参加しているのと同様の経験をしているといえるだろう．

　水族館で働く学芸員の姿を間近に見て，水族館や博物館を仕事の場として選ぶ学生も少なくない．今までに，全国の水族館，博物館に就職した学生は200名近くになる．この人数は指導を行った水族館としても大変責任のある驚異的なものと受け止めている．各地の水族館でもお互いに刺激しあって，収集活動や展示活動，あるいは研究および教育活動を行い活躍している．自分が受けた経験を次代の人間に受け継ぎをしているのである．全国各地で大学生を教育している卒業生も多い．初期に卒業したものの中には，各水族館の館長，または館長クラスの要職となっ

て活躍しているものも少なくない.

参考文献

羽根田弥太.1977.発光魚.川本信之(編),改訂増補 魚類生理学,恒星社厚生閣,東京,pp. 547-574.

日置勝三.1999.館種別博物館資料論 水族館.加藤有次・鷹野光行・西源二郎・山田英徳・米田耕司(編) 新版・博物館学講座 第5巻 博物館資料論,雄山閣,東京,pp. 202-212.

日置勝三・鈴木克美.1995.水槽内で観察されたチリメンヤッコ *Chaetodontoplus mesoleucus*(キンチャクダイ科)の繁殖行動と卵及び仔魚.東海大学紀要海洋学部,(39),195-205.

鈴木克美・西源二郎.2005.水族館学,東海大学出版会,神奈川,431 pp.

鈴木克美・西源二郎.2006.水族館学関連主要文献リスト.海・人・自然(東海大学博物館研究報告),8,37-60.

鈴木克美・小林弘治・日置勝三・坂本隆志.1978.駿河湾におけるキンギョハナダイ *Franzia squamipinnis* の生態.魚類学雑誌,25(2),124-140.

青海忠久.2001.稚魚を飼う.千田哲資・南 卓志・木下 泉(編),稚魚の自然史,北海道大学図書刊行会,北海道,pp. 16-29.

吉澤庄作.1916.マツカサウオの発光に就いて.動物学雑誌,(336),411-412.

あとがき

　私が水族館にはじめて勤めたのは1966年12月だから，もう40年以上前になる．その当時の水族館（日本動物園水族館協会加盟館）の数は30館にも満たなかったが，現在では70館を超えようとしている．この間に，水族館は数を増やすだけでなく，社会的に大きな存在になった．新しい水族館がオープンするときには，テレビでドキュメンタリー番組が組まれ，夏には水族館の特集番組がいくつも放送される．一方，全国の大都市にはイルカトレーナーや水族館の飼育係を養成する専門学校が開校し，水産系の大学には水族館の就職に有効な学芸員の養成課程がたいてい開講されている．若者たちにとって，水族館の飼育係は人気職種の1つになっているといえるだろう．

　それで，本書の構成を考える時に次の4つの点を心がけた．まず，1つ目は水族館の仕事がどんなものであるかを，できるだけ網羅的に紹介する事である．日常のルーチンワークが主体になるが，このような仕事の積み重ねが水族館を支えている事を理解してほしい．次に，飼育水の浄化や動物収集など水族館というシステムを支えているメカニズムの説明である．水族館の仕事として，直接表に現れることは多くないが，水族館で仕事をしようとする人たちにはきっと役に立つだろう．3つ目は，新しい飼育展示や教育活動へ挑戦する飼育係の姿である．飼育係の重要な仕事として，季節ごとの特別展の企画や特別プログラムなどの開発がある．これらの企画では，いくつもの困難を乗り越え長い時間をかけてやっと実現する場合も少なくない．新しい課題に挑戦する飼育係の情熱を感じてほしい．そして，4つ目として，水族館における教育活動に関することである．水族館は従来から社会教育機関としての役割を持っているが，最近ではさらにその重要性が増している．水族館の仕事には，水族を飼育展示するだけでなく，その先に，水族や水環境に関する問題について人々に伝える仕事のあることを理解してほしい．

　イギリスの有名な登山家が「なぜ山に登るのか」とたずねられた時，

「そこに山があるからだ」と答えたという．水族館の飼育係が飼育困難魚に挑戦するのは，それに似た所があるのではないかと，この本を編集しながら思った．本の中には，まだ誰も飼育した事のない，あるいは飼育が非常に困難だといわれていた水族の飼育に挑戦した記録がいくつも出てくる．イセエビのフィロゾーマ幼生，サンマ，ナンキョクオキアミ，コモリウオ，ハマダイ，サンゴ類，クラゲ類……．どの記録を読んでも，著者達の熱い情熱が伝わってくる．水族館飼育係の本当の魅力は，この情熱を傾ける対象とめぐり会えるところではないかと思う．飼育係をこころざす人たちに，この魅力が少しでも伝われば望外の喜びである．

　シンポジウムの開催において，共同利用シンポジウムとして援助してくださった東京大学海洋研究所，シンポジウムを後援してくださった日本動物園水族館協会に感謝いたします．このシンポジウムには水族の収集および飼育水の浄化システムに関するテーマが含まれていなかったので，櫻井　博氏，塚田　修氏，浦川秀敏氏，武藤文人氏にこれらのテーマに関する執筆を新たにお願いした．お礼申し上げます．

　本書の出版を暖かいご理解で見守ってくださった東海大学出版会出版部長大塚　保氏，編集に努力を惜しまれなかった同出版会稲　英史氏にお礼申し上げます．

2007年9月

西　源二郎

索引

【あ行】
ICT（情報通信技術） 188
ICT 機器 189
アオダイ 110
アカマチ 103, 104
秋に出現するクラゲ 129
アクア・ラボ 11
アクチヌラ 129, 140
アクリルガラス 49
浅草公園水族館 44
亜硝酸 50, 58, 59, 62
亜硝酸酸化細菌 58, 59, 60, 61
圧力式濾過槽 47, 49, 53, 57
アベゲンゲ 40
アユモドキ 171, 173, 174
アリマ 85, 86
アルファプロテオバクテリア門 60
アンケート調査 228
アンスラサイト 49
アンモニア 50, 58, 59, 61, 62
アンモニア酸化細菌 58, 59, 60, 61
アンモニア硝化 47
アンモニウムイオン 62
生け簀 145
イセエビ 88
イセエビ完全育成 85
イセエビ刺し網漁 116
イセエビ幼生の人工育成 84
イタセンパラ 171, 173
一本釣り 100, 102
遺伝資源 160
遺伝的均一化（＝ホモ接合体） 181
遺伝的多様性の確保 182
移動水族館教室 189, 190
イトヨ 208
移入種問題 162
イボクラゲ 135
イボダイ 129
イリエワニ 30, 31
インターンシップ 219, 231
上野動物園水族館 45, 127
ウォーターバス 138, 139
魚津水族館 216

鰾 103, 105, 106
鰾のガス抜き 105
ウシモツゴ 173
ウチワフグ 112
海からの持ち込み 164
ウミシダ 116
ウミトサカ 116
海の中道海洋生態科学館 188, 189
海人（ウミンチュ） 102
ウラシマクラゲ 136
ウリクラゲ 139
曳航型 228
液浸標本 112
エチゼンクラゲ 129, 135
江ノ島水族館 46, 127
エビカゴ漁 102
エフィラ 135
エラフォカリス 85, 86
江梨海岸 230
遠隔授業 194, 195
塩素 48, 49, 50, 51, 52, 54, 66
塩素注入装置（海水電気分解） 50
エンタクミドリイシ 121
大分生態水族館（マリーンパレス） 47
オキクラゲ属 139
オキシダント 51
沖縄美ら海水族館 100
沖縄舟状海盆 100
オシザメ 112
オゾン 48, 49, 50, 51, 52, 54, 66
オゾン処理 48, 51
オゾン発生装置 50
オビクラゲ 128
親潮 143, 151
オヤニラミ 173

【か行】
海岸漂着物調査 189
外国為替および外国貿易法 163
海水湖 130
海水取水口 53
海水電気分解装置 48
海中公園 114

海中展望塔　　　116, 123
買い手市場　　　24
回転型水槽　　　91
ガイドツアー　　　14
開放式飼育法　　　43
海洋教育　　　192
海洋研究所　　　217
海洋細菌　　　60
加温冷却装置　　　44
化学合成独立栄養性細菌　　　58
カギノテクラゲ　　　130, 135
学芸員　　　190, 191, 197, 216, 218, 230
学芸員資格　　　22
学社融合　　　186
学習会　　　14, 140
学生ボランティア　　　221
カクレクマノミ　　　223
カゴ採集　　　34
カゴ収容作戦　　　41
葛西臨海水族園　　　29
カゼトゲタナゴ　　　171
学校完全週五日制　　　187
カブトクラゲ　　　139
加茂水族館　　　126
ガラスエビ　　　88
ガラスボール　　　91
カルタヘナ議定書担保法　　　162
カワバタモロコ　　　173
環境学習　　　195
環境教育　　　17, 192, 222
観魚室「うをのぞき」　　　44
観察眼　　　222
乾燥標本　　　112
乾導法　　　205
ガンマプロテオバクテリア門　　　60
観覧者行動　　　228
観覧通路　　　152, 153
寒流海域　　　151
汽車窓式水槽　　　52
希少魚　　　174, 179, 181, 182, 183
希少魚検討委員会　　　175, 180, 182
希少魚の飼育・繁殖ネットワーク化　　　183
希少魚の繁殖マニュアル　　　180
希少淡水魚　　　171, 176
希少淡水魚繁殖検討委員会　　　175

キタミズクラゲ　　　135
逆洗　　　50, 52, 54, 75
逆洗頻度　　　50
キャット・ウォーク　　　23
ギヤマンクラゲ　　　139
給餌　　　20
教育活動　　　231
共生藻　　　139
漁業調整規則　　　160
巨大ウナギ　　　211
魚類の活動リズム　　　224
魚類の雌雄性　　　225
魚類の繁殖・育成　　　222
魚類の放流ガイドライン　　　183
キングジョージ島　　　34
キングブラウン　　　31
キンチャクダイ　　　225
クシハダミドリイシ　　　114, 117, 119, 121, 122
櫛クラゲ類　　　128
串本海中公園地区　　　114
クライゼルタンク　　　90, 91
鞍掛型　　　228
クラゲ学習会　　　140
クラゲカレンダー　　　130
クラゲ食　　　138
クラゲ展示　　　126
クラゲの育成　　　136
クラゲファンタジーホール　　　127
クラゲモエビ　　　129
クラゲ類飼育展示　　　127
グリプトノータス・アンタークティクス　　　35
黒潮　　　143, 151
珪砂　　　49, 65
血中メラトニン量　　　109
結露防止　　　80
ケヤリ　　　116
減圧　　　103, 105
減圧症　　　107, 111
原核生物　　　62
研究機関等のネットワーク化　　　182
源水川　　　208
公海　　　164
降海型　　　209
硬骨魚類　　　104

硬質塩化ビニール管　　46
抗生剤の使用　　96
行動観察調査　　228
公認潜水士　　22
神戸市立須磨水族館　　46
口腕　　135
コオリウオ　　34
コーンウォリス島　　35
古細菌　　60, 62, 63
古細菌相の多様性　　63
仔魚　　222, 223, 230
子ども学芸員　　192
ゴネリクトゥス　　86
コモリウオ　　29
固有種　　38

【さ行】
採集　　3
最終期フィロゾーマ幼生　　88, 92
採集方法　　29
CITES（サイテス）　　162
堺水族館　　126
サカサクラゲ　　126
魚の放流　　183
サケの人工授精　　205
刺網　　102
刺網漁　　100
殺菌装置　　52
サンゴ　　115, 116, 117
サンゴ群生地　　115
珊瑚砂　　65
サンゴ礁　　114, 115
サンゴ礁の北限　　115
サンゴの産卵　　118, 121
サンゴの産卵シーン　　119
サンゴの飼育条件　　117
酸素パック　　5, 29, 145
サンドフライ　　31
サンマ　　143
サンマ展示の意味　　154
サンマの酸素パック　　145
サンマの周年展示　　149
サンマの水槽内繁殖　　146
産卵観察　　119
産卵期の調節　　151
産卵床　　149, 150

三陸海の博覧会　　202
残留塩素　　48, 51
次亜塩素酸ナトリウム　　51
飼育係　　216
飼育活動　　214
飼育下繁殖　　28
飼育困難生物実験施設　　144
飼育システム　　117
飼育種類数　　2
CD-ROM 教材　　195
シェルアンドチューブ式（多筒多管式）
　　52
潮目の海　　143
紫外線殺菌　　50, 54
自家採集　　3, 28, 29
仔魚　　148, 150
支持砂層　　49
刺傷被害　　130
止水飼育　　44
自然から託された資料　　18
自然教育　　17
自然保護　　222
親しむ博物館作り事業　　187
実物教育　　189
シナイモツゴ　　173
刺胞動物　　127
シマガツオ　　36, 37, 40
シミコクラゲ　　138, 140
社会教育機関　　188
臭素イオン　　51
重力式濾過槽　　52, 53, 57
受精　　120
受精卵　　135
出張授業　　16
種の保存　　12, 170, 179
種の保存法　　164
種保存委員会　　170, 175
種保存の問題点　　181
種名解説板　　11
循環式飼育法　　43
循環率　　53
循環濾過システム　　56, 71
循環濾過方式　　6
硝化細菌　　43, 49, 50, 58, 59, 60, 62, 65
硝化作用　　56, 58, 66
松果体　　109

硝化反応　　　58, 63, 64, 65
硝化プロセス　　　64
硝酸　　　50, 59, 61
硝酸性窒素　　　59
乗船採集　　　129
情操教育　　　16
庄内浜　　　128
情報教育　　　188, 189
食性　　　7
職場体験学習　　　189, 191
植物防疫法　　　161
新江ノ島水族館　　　64
深海魚　　　39, 102, 103, 108, 112
深海魚の採集　　　39
深海ザメ　　　111
深海釣り　　　102
水温管理　　　43
水温調節　　　44
スイゲンゼニタナゴ　　　172
水産資源　　　154
水産資源保護法　　　161, 164
水槽観察　　　230
水槽交換　　　91
水槽掃除　　　19
水槽の満水時間　　　54
水槽の見回り　　　19, 20
ズームアップ装置　　　11
スクーバー　　　230
ストロビラ　　　136
スナイロクラゲ　　　134, 135
砂濾過槽　　　44, 47, 49, 50, 56
砂濾過方式　　　57
素潜りによる採集　　　128
生活史研究　　　130
成魚　　　149
精子　　　120
成熟促進ホルモン　　　174
生態展示（環境再現展示）　　　54
性転換　　　225, 227
生物学的水処理法　　　56
生物多様性国家戦略　　　179
生物多様性条約（CBD）　　　160
生物的水処理　　　58
生物濾過　　　63
生物濾過循環系　　　76
性変換（転換）　　　216

積層式密閉濾過槽　　　47
世代交番　　　134
絶食飼育　　　139
切片標本　　　227
善意の放流　　　183
潜水　　　230
潜水採集　　　35, 227
潜水調査　　　216, 230, 231
潜水病　　　41
潜熱　　　77
総合的な学習の時間　　　187, 188, 192, 195
造礁性サンゴ　　　115
造波装置　　　147, 148
ゾエア　　　85, 86
底延縄　　　100, 102
底引網　　　227
卒業研究　　　219
曽根　　　102

【た行】
第2回水産博覧会　　　44
第5回内国勧業博覧会　　　44
第1回世界国立公園会議　　　114
大学付属水族館　　　217
体験的展示　　　11
太鼓型水槽　　　138, 139
体内時計　　　224
対面式展示　　　11
タコクラゲ　　　135, 139
タッチ・プール　　　11
脱窒作用　　　67
脱皮　　　84
タテジマヤッコ　　　225
タナゴモドキ　　　175
タバネサンゴ　　　122
卵　　　120
ダルマノト　　　83
タンク輸送法　　　5
炭酸固定経路　　　58
淡水型　　　209
淡水魚の産卵　　　173
暖流海域　　　151
地域教材の開発　　　188
地域個体群　　　180
稚エビ　　　95
稚魚　　　144, 148

チタン製　52
窒素循環　6, 58
窒素制限環境　67
潮間帯下部　117
鳥獣保護法　161
チョウチンアンコウ　216
直膨式　77
チリメンヤッコ　223
沈殿効果　45
津軽石川　204
ツノクラゲ　128, 139
釣り採集　227
鶴岡市クラゲ研究所　141
定置網　100, 144, 227
底面濾過　47
デスクストレーナー　49
テッポウウオ　33
テッポウエビ　231
出前授業　16
電気分解　48, 51
展示水槽　11
展示水槽における産卵　123
展示テーマ　9
展示の問題点　152
天然記念物　160
東海大学海洋科学博物館　217
東京動物園協会　158
動物愛護法第26条　161
動物交換　4
どうぶつと動物園　31
動物の輸入届出制度　161, 166, 168
東北大学理学部付属浅虫臨海実験所　127
透明度　48
トカゲハゼ　33
特定外来生物による生態系等に係る被害の防止に関する法律　161
鳥羽水族館　48, 52, 85
トビハゼ　33
ドフラインクラゲ　128
ドライスーツ　35
トラフィック イーストアジア‐ジャパン　168
トリカルネット　136
トレマトムス・ニューネッシ　35

【な行】
ナガタチカマス　112
流れ藻採集　147
流れ藻　146
名古屋港水族館　63, 73
ナチュラル・システム　7, 66
夏に出現するクラゲ　128
ナポリ水族館　126, 217
ナポレオンフィッシュ　202
ナンキョクオキアミ　70, 82
南極海　34, 70
南極採集　35
南極生物　70
南極生物飼育システム　83
南極地域の環境の保護に関する法律　166
Nitrosopumilus maritimus　60
Nitrosococcus　60
Nitrosospira　60
Nitrosomonas　60
日本一のウナギ　212
日本産希少淡水魚繁殖検討委員会　170
日本動物園水族館協会　170, 175
ニホンミドリシ　121, 122
二枚貝資源の減少　181
任意放棄　163, 166
ヌカカ　31
ネコギギ　173, 175
熱交換器　52
熱水生物　64
熱水噴出域（海底温泉）　64
ネトロン管　52
ノウプリウス　85, 86
ノトセニア類（亜目）　34
呑込型　228, 229

【は行】
バイオテレメトリー　228
排他的経済水域（EEZ）　164
パイプ式（蛇管タイプ）　52
延縄漁　100
博学連携　186
バクテリアフィルム　136
博物館実習　219
ハシゴクラゲ　129, 140
パシフィックシーネットル　127

ハチビキ	110		プランクトン	123
バックヤードツアー	166		プランクトンネットでの採集	129
発光現象	216		プレート式熱交換器	51
発信機	228		プロテイン・スキマー	49, 66, 139
ハナフエダイ	000		文化財保護法	160
ハナヤサイサンゴ	122		分子状アンモニア	61
ハブクラゲ	130		分離浮性卵	110
ハマダイ	103, 104, 105		分類展示	54
パラオの海水湖	130		平衡式濾過	47
春に出現するクラゲ	128		閉鎖式飼育法	43
繁殖	28		閉鰾魚	104
繁殖種数	222		ベータプロテオバクテリア門	60
繁殖賞	81		pH	62
繁殖マニュアル	180		pHと硝化細菌	61
バンドル	119, 120, 122		変態	89, 92
PDA（携帯情報通信端末）	197		変態行動	94
光刺激	135		保育嚢	135
柄杓による採集	128		砲金製スリースバルブ	45
微生物反応	58		砲金製横型渦巻ポンプ	45
非造礁性サンゴ	115		砲金のバルブ	52
ヒドロクラゲ	135		放精	119
ヒナモロコ	171, 173		放精放卵	135, 136
標識放流	110		泡沫分離装置	49, 50, 66
鰭	107		保存対象種	180
ヒレジロマンザイウオ	112		北極	35
琵琶湖文化館	171		北極海	39
便乗採集	3, 29		ポドシスト	135
フィロゾーマ	85, 86, 87, 90, 94		ポリプ	119, 126, 127, 129, 134, 135, 138
フィロゾーマ幼生の周年展示	95		ポリプの飼育管理	136
プエルルス幼生	87, 88, 89, 91, 94		ポリプへの変態	136
プエルルス幼生への変態	92			
ふくしま海洋科学館	143		【ま行】	
浮性卵	222		マイクロ・アクアリウム	11
附属書 I	163		マジックミラー	152
附属書 II	163		マスチゴプス	86
附属書 III	163		マチ類	109
付着生活	130		マツカサウオ	216
付着沈性卵	207		マリンパビリオン	116
物理濾過循環系	74		ミズクラゲ	127, 135, 136
フトユビシャコ	86		水辺環境	188, 191
浮遊懸濁物	43, 49		水辺環境の教育資源化	191
浮遊卵	119		水辺のデジタル図鑑	195
冬に出現するクラゲ	129		南知多ビーチランド	48
ブラヌラ	118, 135, 136		宮古漁業共同組合津軽石サケマス孵化場 204	
ブラヌラの採取法	135		宮古水産高等学校	202
ブラヌラ放出	121			

ミヤコタナゴ　　　173
ムサシトミヨ　　　175
無性生殖　　118
無性生殖世代　　　129
無脊椎動物　　116
ムラサキイガイの生殖腺　　　91, 92
モナコ式　　　67

【や行】
夜間潜水　　118
薬浴　　19
屋島山上水族館　　　48
ヤナギクラゲ　　　135
山口川　　　209
有櫛動物　　　127, 129
有櫛動物門　　　139
有触手綱　　　139
有性生殖　　　118, 121
ユウレイクラゲ　　　138
ユウレイクラゲ属　　　139
輸送　　5
輸入貿易管理令　　　163
ユビキタス　　　189
幼生期間　　　95
溶存酸素量　　65
横浜・八景島シーパラダイス　　　49
ヨミノアシロ　　　39

【ら行】
ライブロック　　　67
リーフ・システム　　　66
陸中海岸国立公園　　　213
硫化水素　　　64
流水式飼育法　　　43
冷却パイプの着氷　　　77
冷凍機の発停　　　77
レファレンス・サービス　　　14
レプトケファルス幼生　　　98
連携学習　　　188
濾過　　43
濾過循環　　　44, 45, 46, 47, 53
濾過槽　　　44, 49, 50, 52, 53, 54, 56, 139, 154
濾過槽掃除　　　52
濾過槽の熟成　　　59
濾過槽面積　　　54
濾過速度　　　49
濾過バクテリア　　　56, 57, 58, 60, 61, 67
濾過床　　　57
濾材　　　49, 65

【わ行】
ワカサギ　　　206
ワカサギの人工授精　　　207
ワカサギの大遡上　　　207
ワシントン条約　　　162, 164, 166, 168
和田岬　　　44

執筆者紹介 (五十音順)

浦川秀敏 (うらかわ ひでとし)
1970年生
東京大学大学院農学生命科学研究科水圏生物科学専攻博士課程修了　農学博士
元東京大学海洋研究所先端海洋システム研究センター　准教授(退職)
専門　環境微生物学
著書
『海の環境100の危機』(分担執筆，東京書籍)

奥泉和也 (おくいずみ かずや)
1964年生
山形県立庄内農業高等学校卒
財団法人鶴岡市開発公社　鶴岡市立加茂水族館　館長
専門　クラゲ類の繁殖に関する研究
著書
『刺胞をもつ動物―サンゴやクラゲのふしぎ大発見』(分担執筆，和歌山県立自然博物館)

櫻井　博 (さくらい ひろし)
1952年生
東京大学農学部水産学科卒
東京都葛西臨海水族園飼育展示係を経て
東京都多摩動物公園教育普及課
専門　水産生物学
著書
『新・飼育ハンドブック水族館編第1集，第2集』(分担執筆，日本動物園水族館協会)
『水族館の生物』(分担執筆，主婦の友社)

佐々木　剛 (ささき つよし)
1966年生
東京水産大学水産学部水産研究科修了　博士(水産学)
岩手県立宮古水産高等学校教諭を経て
東京海洋大学海洋科学部政策文化学科　准教授
著書
文部科学省著作教科書『水産生物』(共著)
『魚類環境生態学入門』(分担執筆　東海大学出版会)

佐藤圭一 (さとう けいいち)
1971年生
北海道大学大学院　水産科学研究科　博士後期課程　修了　博士(水産学)
沖縄美ら島財団総合研究センター　研究第一課長
専門　魚類系統分類学・比較形態学(特に深海性軟骨魚類)
著書
『トラザメ科の分類学・その現状と問題』(月刊海洋　特集軟骨魚類研究)

猿渡敏郎　別掲

高田浩二 (たかだ こうじ)
1953年生
東海大学海洋学部水産学科増殖課程卒，博士(学術)
海の中道海洋生態科学館　館長を経て
福山大学海洋生物科学科　教授
専門　博物館教育に関する研究
著書
『博物館をみんなの教室にするために』(共編著，高陵社書店)
『魚のつぶやき』(単著，東海大学出版会)
『海のふしぎ「カルタ」読本』(単著，東海大学出版会)
『居酒屋の魚類学』(単著，東海大学出版会)

塚田　修 (つかだ おさむ)
1949年生
東海大学海洋学部海洋資源学科海洋生物専攻卒
鳥羽水族館飼育研究部を経てオリックス・ファシリティーズ(株)京都水族館事業所
専門　水族飼育学
著書
『養殖・畜養システムと水管理』(水族館の水処理)(分担執筆，恒星社恒星閣)

津崎　順 (つざき じゅん)
1956年生
日本大学農獣医学部水産学科卒
公益財団ふくしま海洋科学館　事業部　漁業博物館課　課長
専門　水生生物の飼育に関する研究
著書

『海水魚の繁殖』（分担執筆，緑書房）
『水族館に行きたくなる本』（分担執筆，リバティ書房）
『水族館の生物ポケット図鑑』（分担執筆，主婦の友社）

西　源二郎　別掲

日置勝三（ひおき　しょうぞう）
1946年生（2008年7月逝去）
東海大学海洋学部海洋資源学科卒，博士（農学）
東海大学海洋科学博物館学芸員を経て
元東海大学海洋研究所　教授
専門　魚類生態
著書
『海水魚の繁殖』（分担執筆，緑書房），
『新版・博物館学講座　第5巻　博物館資料論』（分担執筆，雄山閣）

平野保男（ひらの　やすお）
1958年生
東海大学海洋学部水産学科水産資源開発課程卒
財団法人　名古屋港振興財団　名古屋港水族館　企画経営部営業企画課
専門　卵稚仔魚の分類，育成
著書
『日本産稚魚図鑑』（分担執筆，東海大学出版会）
『魚類環境生態学入門』（分担執筆，東海大学出版会）

堀田拓史（ほりた　たくし）
1958年生
東海大学海洋学部水産学科水産増殖課程卒
鳥羽水族館飼育研究部次長を経て東海大学海洋学部教養教育センター准教授
専門　海洋生物学，刺胞・有櫛動物の分類
著書
『潜水調査船が観た深海生物』（分担執筆，海洋研究開発機構，東海大学出版会）
『進化学事典』（分担執筆，日本進化学会，共立出版株式会社）

前畑政善（まえはた　まさよし）
1951年生
高知大学大学院農学研究科修士課程中退，博士（理学）
滋賀県立琵琶湖博物館　上席総括学芸員を経て神戸学院大学人文学部　教授
専門　水族繁殖学
著書
『湖国びわ湖の魚たち』（共著，第一法規出版），
『日本の淡水魚』（分担執筆，山と渓谷社）

松崎浩二（まつざき　こうじ）
1974年生
東北大学農学部水圏修復生態学分野卒
公益財団ふくしま海洋科学館　事業部　潮目の海課
専門　生物海洋学

御前　洋（みさき　ひろし）
1947年生
東海大学海洋学部生物資源学科卒業
元串本海中公園センター　館長
専門　海洋生物学（魚類，イシサンゴ類の繁殖）
著書
『海水魚の繁殖』（分担執筆，緑書房）

武藤文人（むとう　ふみひと）
1965年生
北海道大学大学院水産学研究科博士後期課程 単位取得退学，博士（水産学）
東海大学海洋学部水産学科　准教授
専門 魚類全般
著書
『うなぎ ヨーロッパおよびアジアにおける漁獲と取引』（共著，トラフィックイーストアジアジャパン）
『チョウザメ類　ワシントン条約対象種』（共著，水産資源保護協会）

山田一幸（やまだ　かずゆき）
1977年生
東海大学海洋学部水産学科水産資源開発課程卒
東海大学海洋科学博物館　学芸員
専門　魚類生態
著書
『駿河湾おさかな図鑑』（分担執筆，静岡新聞社）

編者

西　源二郎（にし　げんじろう）
1943年生
鹿児島大学水産学部漁業学科水産増殖学専攻卒，博士（農学）
東海大学海洋研究所　教授・同海洋科学博物館　館長を経て元東京都葛西臨海水族園　園長
専門　博物館学（水族館学），魚類行動生態学
著書
『水族館学　水族館の望ましい発展のために』（共著，東海大学出版会）
『新版・博物館学講座　第1巻　博物館学概論』（共編著，雄山閣出版）
『新版・博物館学講座　第10巻　生涯学習と博物館活動』（共編著，雄山閣出版）
『海水魚の繁殖』（分担執筆，緑書房）
『新・飼育ハンドブック　水族館編　第4集　展示・教育・研究・広報』（分担執筆，日本動物園水族館協会）
『研究する水族館』（共編著，東海大学出版会）
『新版水族館学　水族館の発展に期待をこめて』（共著，東海大学出版会）
『博物館学事典』（分担執筆，雄山閣出版）ほか

猿渡敏郎（さるわたり　としろう）
1962年生
東海大学　海洋学部　水産学科　水産資源開発課程（現海洋生物学科）卒
東京大学　大学院　農学系研究科　博士課程　水産学専攻修了　　農学博士
東京大学　大気海洋研究所　海洋生物資源部門　資源生態分野　　助教
専門　魚類学，水産資源生態学
著書
『魚類環境生態学入門―渓流から深海まで，魚と棲みかのインターアクション』（編著，東海大学出版会）
『泳ぐDNA』（編著，東海大学出版会）
『研究する水族館』（共編著，東海大学出版会）
『日本産稚魚図鑑』（分担執筆，東海大学出版会）
『川と海を回遊する淡水魚―生活史と進化―』（分担執筆，東海大学出版会）
『改訂版　山渓カラー名鑑　日本の淡水魚』（分担執筆，山と渓谷社）ほか

水族館の仕事

2007年10月5日　第1版第1刷発行
2015年9月20日　第1版第3刷発行

編　者　西　源二郎・猿渡敏郎
発行者　橋本敏明
発行所　東海大学出版部
　　　　〒257-0003　神奈川県秦野市南矢名3-10-35
　　　　TEL 0463-79-3921　FAX 0463-69-5087
　　　　URL http://www.press.tokai.ac.jp/
　　　　振替　00100-5-46614
印刷所　港北出版印刷株式会社
製本所　株式会社積信堂

Ⓒ Genjiro NISHI and Toshiro SARUWATARI, 2007　　ISBN978-4-486-01770-7

Ⓡ〈日本複製権センター委託出版物〉
本書の全部または一部を無断で複写複製（コピー）することは，著作権法上の例外を除き，禁じられています．本書から複写複製する場合は日本複製権センターへご連絡の上，許諾を得てください．日本複製権センター（電話 03-3401-2382）